Kaffee und Koffein

Von

Prof. Dr. O. Eichler

Direktor des Instituts für Pharmakologie
und exp. Therapie, Breslau

Mit 24 Abbildungen im Text

Berlin
Verlag von Julius Springer
1938

ISBN-13:978-3-642-89645-3   e-ISBN-13:978-3-642-91502-4
DOI: 10.1007/978-3-642-91502-4

Alle Rechte, insbesondere das der Übersetzung
in fremde Sprachen, vorbehalten.
Copyright 1938 by Julius Springer in Berlin.

Vorwort.

Die Berechtigung zu diesem Buche gibt mir eine vieljährige experimentelle Erfahrung mit dem Behandlungsthema. Der Anstoß kam aber durch den Auftrag der Pharmakologischen Gesellschaft bei der Tagung der Gesellschaft in Berlin im April 1938 das pharmakologische Hauptreferat über Kaffee und Koffein zu halten. Dieser Auftrag ergab den Zwang nicht nur die vielfältige Literatur zu sammeln, sondern auch für bekannte Dinge eine geeignete Formulierung zu suchen. Manche Stellen wurden aus dem Vortrag wörtlich übernommen.

Bei der Sammlung der Literatur wurde Vollständigkeit erstrebt und möglichst jede Arbeit im Original durchgesehen, soweit sie nicht seltenere Sprachen betrafen (russisch, japanisch). Die Übersetzung aus dem Spanischen danke ich Frl. v. APPEN (Hamburg), aus dem Italienischen meiner Frau. Die Arbeiten, die mir nicht im Original vorlagen, sind kenntlich aus dem Hinweis auf die Zentralblätter, z. B. Ronas Berichte oder Chemisches Zentralblatt. Die Angaben der Literatur in Fußnoten (nicht gesammelt am Schluß) erfolgte, weil vielfach Einzelangaben über Dosierung, Versuchstiere usw. in die Fußnoten übernommen wurden, um den Text nicht mit Zahlen und Einzelangaben zu belasten. Bei der Sammlung der Literatur hat mir Frl. LUCY KARBE wertvolle Dienste geleistet. In der Literatur nimmt eine besondere Rolle das Korreferat von Prof. STEPP (München) ein über das Thema vom klinischen Standpunkt auf dem Pharmakologenkongreß 1938 in Berlin. Diesem Referat verdanke ich viel Anregung. Es taucht nicht in den Literaturangaben auf, sondern darauf bezieht sich die Nennung des Namens STEPP. Auf chemischem Gebiet erwähne ich den ausführlichen Artikel von TÄUFEL im „Handbuch der Lebensmittelchemie".

Die Formulierung ging auf eigenen Wegen, besonders zur Darlegung der psychologischen Wirkungen des Kaffees. Namen wie KANT, SCHOPENHAUER, HUME, ERNST MACH tauchen auf und ich benutzte ihre Gedanken, ohne mich auf ihre Systeme festzulegen. Überragend sind sie in der Kraft ihrer Formulierung und ihrer Anschauung. Wer sollte sie hierin übertreffen? Deshalb wurde auch nicht vor dem wörtlichen Zitat zurückgeschreckt. Der Anschluß an mein Fach, die „mechanistische" Physiologie bzw. Pharmakologie wurde zu erreichen versucht durch Auffassung der psychischen Ereignisse und der physiologischen Vorgänge als Dokumentation zweier Seiten derselben Ursachen.

Bei Darstellung der somatischen Vorgänge wurde fast nie referiert. Die kritische Meinung des Verfassers tritt immer hervor, sonst gäbe es auch keine Einheitlichkeit. Die Gründe der Stellungnahme wurde nie übergangen. Deutlich wird die Wirkung am isolierten Organ, die Übertragung der hier gewonnenen Resultate auf das ganze Lebewesen und die Gleichheit und Verschiedenheit der Wirkung bei Mensch und Tier, zugleich eine Rechtfertigung für das Vorgehen der experimentellen Biologie, wenn das noch nötig wäre.

In allen Teilen sieht man den sicheren Grund der bis jetzt vorliegenden Erfahrung und zugleich die vielen ungelösten und beginnenden Probleme. So möge das Buch ein Ende und ein Anfang sein für die Forschung des Kaffees. Bei der Forschung wird die Chemie des Kaffees eine der Hauptstützen sein, aber der Gipfel der Fragen ergibt sich in der pharmakologisch-biologischen Forschung, da der Kaffee ein Genußmittel ist. Damit ergäbe sich der praktische Wert der vorliegenden Schrift. Der wissenschaftliche Wert möge weiter reichen als er dem Thema entspricht, denn die Natur ist eine große Einheit. Wenn eine neue Erkenntnis erzielt wird auch an der abgelegensten, dem Primitiven vielleicht absurd vorkommenden Stelle, so wird doch die ganze Vielheit der Wissenschaft einen Gewinn haben. Das Wesentliche ist nicht der Ansatzpunkt der Forschung, sondern die Tiefe des Vordringens.

Deshalb fordert das Buch auch zugleich zur Mitarbeit auf. Wer aber in diesem Sinne mitarbeitet an unseren Themen, wird um Unterstützung gebeten durch Übersendung von Sonderdrucken, damit mir für evtl. spätere Auflagen nichts entgeht, damit das Buch auf der Höhe der Wissenschaft bleibt.

Breslau, August 1938.

O. Eichler.

Inhaltsverzeichnis.

Seite

I. Einleitung 1
Geschichte S. 1 — Botanik S. 1 — Handel S. 2 — Pflanzenchemie S. 2 — Aufbereitung S. 3 — Röstung S. 3.

II. Chemie 4
Kaffeebohne S. 4 — Kaffeegetränk S. 7.

III. Zentralnervensystem 10
Wirkung der Röstprodukte S. 10 — Erregung S. 13 — Verstand S. 14 — Gefühle S. 15 — Anschauung S. 16 — Urteilskraft S. 17 —Auswendiglernen S. 19 — Rechnen S. 20 — Ermüdung S. 22 — Schlaf S. 22 — Tremor S. 28 — Reaktionszeit S. 30 — Reflexe S. 33 — Bedingte Reflexe S. 34.

IV. Muskel und Arbeit 37
Isolierter Muskel S. 37 — Muskel im Verbande des Organismus S. 41 — Sport S. 43.

V. Kreislauf 47
Herz S. 47 — Minutenvolumen S. 52 — Frequenz S. 55 — Sympathicus S. 57 — Gefäße S. 57 — Blutdruck S. 59 — Atemorgan S. 63 — Hirngefäße S. 66.

VI. Niere 71
Niere S. 71 — Extrarenale Wirkung S. 78 — Zentraler Angriffspunkt S. 80 — Physikalisch-chemische Faktoren S. 80.

VII. Darmkanal 82
Magensekretion S. 83 — Verdauungsfermente S. 89 — Motilität der Verdauungswege S. 90.

VIII. Stoffwechsel 92
Resorption S. 92 — Ausscheidung S. 93 — Koffeinzersetzung S. 97 — Harnsäure S. 98 — Sauerstoffverbrauch des Gesamtorganismus S. 103 — Körperwärme S. 110 — Isolierte Gewebe S. 111 — Kreatinin und Stickstoff S. 112 — Kohlehydratstoffwechsel S. 114 — Nebennieren S. 115 — Insulin S. 116 — Leber S. 117.

IX. Geschlechtsorgane und Vermehrung 119
Uterus S. 119 — Potenz S. 119 — Hoden und Ovarien S. 120 — Geburtenzahl S. 125 — Entwicklungshemmungen S. 127 — Wachstumshemmung S. 129 — Organgewichte S. 131.

X. Koffeinismus 134

XI. Toleranz 134
Nervensystem S. 135 — Kreislauf S. 135 — Diurese S. 136 — Verdauungswege S. 138 — Grundumsatz S. 138 — Sucht S. 140.

XII. Anhang 142
Namenverzeichnis 143
Sachverzeichnis 154

Kaffee und Koffein.

Geschichte. Die Sage, die uns von der Entdeckung des Kaffees durch die Ziegen eines Hirten in Abessinien erzählt, verlegt diese Entdeckung etwa ins 15. Jahrhundert. Die Heimat, die abessinische Landschaft Kaffa, hat nur zufällig diesen Namen. Die Bezeichnung ,,Kaffee" ist eine Verunstaltung des arabischen Kahweh, das eine Übertragung der Bezeichnung für Wein auf das neue Getränk, das zuerst natürlich in Arabien selbst Einzug hielt, bedeutet. Von Arabien breitete sich das Kaffeegetränk zuerst rasch über die mohammedanische Welt aus. Hier war eine besonders günstige Grundlage für die Verbreitung gegeben, weil der Wein den Mohammedanern verboten ist; denn es ist eine allgemeine Beobachtung, daß vermehrter Kaffeekonsum zur Verminderung des Trinkens alkoholischer Getränke beiträgt. Diese Tatsache führte dazu, daß Ludwig XIV. später das Trinken von Kaffee begünstigte, um die Trinkunsitte zu bekämpfen, und man hat dem Kaffee eine bedeutende Wirkung auf die Verfeinerung der Sitten und die Entwicklung der Kultur zugeschrieben.

Schon im 16. Jahrhundert kam die Kenntnis des Getränkes nach Europa und zwar zuerst natürlich nach Venedig, das den Handel mit dem Orient damals noch vorwiegend in der Hand hatte. Von dort aus ist die Ausbreitung über die wichtigsten Großstädte außerordentlich rasch in wenigen Jahrzehnten gegangen, trotz aller Verbote, trotz Besteuerung und jeder Art von Hemmnis. Englische Spottgedichte aus dem 17. Jahrhundert bezeichneten den Kaffee mit ,,Kienrußsirup", ,,schwarzes Türkenblut", ,,Ekel erregende Abkochung aus alten Schuhen und Stiefeln". Im Laufe des 19. Jahrhunderts hat der Kaffee die ganze Kulturwelt erobert und ist an Stelle von Brei, Hirse, der Biersuppe FRIEDRICHS DES GROSSEN, zum Frühstücksgetränk geworden.

Botanik. Ebenso wie das Kaffeegetränk breitete sich der Kaffeestrauch sehr rasch über die Welt aus. Die erste Beschreibung in Europa lieferte der Botaniker PROSPER ALPINO aus Padua Ende des 16. Jahrhunderts. Schon 1650 kam er mit den Holländern nach Java, wurde in einigen Pflänzchen in den botanischen Garten nach Amsterdam gebracht und gelangte von dort nach Westindien und Suriname, 1740 nach Brasilien und erst 1838 nach Costarica. In Afrika gibt es etwa 100 Arten der Gattung Coffea aus der Familie der Rubiaceen. Alle enthalten mehr oder weniger Koffein, aber nur zwei Arten sind die Grundlage der heutigen Kaffeekultur: der aus Abessinien stammende Coffea arabica, der feineren Kaffee liefert und Coffea liberica, vielleicht noch die Varietät Coffea robusta. Coffea arabica verlangt größere Höhen und ist gegen Schädlinge sehr empfindlich. Die Kultur in Ceylon und Niederländisch-Indien wurde 1869 durch den Rostpilz vollkommen vernichtet, so daß teilweise dort Coffea liberica angebaut werden mußte. Jetzt kehrt man wieder zu Coffea arabica zurück.

Handel. Aus diesen kleinen Anfängen hat sich der Kaffee heute zu einem der größten Objekte des internationalen Handels entwickelt und zugleich zu einem Sorgenkind der kaffeeerzeugenden Länder. In Brasilien wurden laut offizieller Statistik[1] in den Jahren 1931 bis 1936 3 Milliarden Kilogramm Kaffee vernichtet. Die Weltproduktion betrug in den Jahren 1928—1934 pro Jahr etwa 40 Millionen Sack Kaffee zu je 60 kg Rohkaffee gerechnet. In Deutschland wurden 1928—1933 je 1,3—1,5 Millionen Doppelzentner im Werte von 125—300 Millionen Reichsmark pro Jahr eingeführt. Aus diesen Zahlen, die wir später an geeigneter Stelle noch zu ergänzen haben werden, ergibt sich die große Bedeutung, die das Kaffeegetränk im Leben der Menschheit besitzt.

Pflanzenchemie. Die pharmakologisch-wissenschaftlichen Probleme beginnen mit dem Wachstum und der Behandlung des Kaffees. Die Frage nach der Funktion von Alkaloiden wie dem Koffein in den Pflanzen ist weit unklarer als ähnliche Probleme im Tierkörper. Wir sehen in den frischen Trieben der koffeinführenden Pflanze hohe Koffeinmengen[2]. Diese nehmen aber beim Wachstum wieder ab, so daß die Aufnahme von Koffein in den Stoffwechsel sicher ist. Es gibt einen Wechsel des Gehaltes selbst in isolierten Zweigen, in denen der Gehalt während der Belichtung abnimmt, bei Aufbewahrung im Dunkel sich wieder vermehrt. Die

---

[1] Vortrag Dr. A DE AMARAL: Rev. Inst. Café Nr. 126 1937.
[2] WEEVERS: Proc. Acad. Amsterd. Bd. 32 (1929) S. 281; Bd. 35 (1929) S. 301. — Pharmaceutic. Weekbl. Bd. 64 (1927) S. 939.

Chlorophyllfunktion wird durch Koffein verbessert[3a]. Nur in den Samen des Kaffees selbst nimmt der Gehalt während des Reifungsprozesses der Kaffeekirschen, ja sogar während der Trocknung der isolierten Beeren[3] dauernd zu. Andere Bestandteile des Kaffees sind nicht so genau verfolgt worden, ja in den meisten Fällen sind die einzelnen Vorläufer des fertigen Kaffeegetränks noch restlos unbekannt.

Aufbereitung. Auf den Endgeschmack hat aber die ganze vorherige Behandlung der Kaffeekirschen, insbesondere ihr Reifungsgrad, einen beträchtlichen Einfluß. Zur Entfernung des Fruchtfleisches von dem Samen selbst ist entweder eine Trocknung mit anschließendem maschinellen Prozeß oder bei der feuchten Aufbereitung eine Gärung — Fermentation — notwendig. Bei dieser Gärung spielen Essigsäure- und Milchsäurebildung eine Rolle, allerdings ist dieser ganze Prozeß für die Geschmacksentwicklung nicht so notwendig und wichtig wie etwa bei der Vorbereitung des Tabaks. Eine zu lang dauernde Gärung kann sogar schädlich sein, das wesentliche dieses Prozesses liegt in der Ablösung der schleimigen Fruchtreste, die aber mit Hilfe der in der Kaffeekirsche selbst vorhandenen Pektinasen[4] erfolgt. Wenn diese schleimige Schale auf dem Kern nicht beseitigt wird, wird das Trocknen der Samen verhindert, und die auf diesem Nährboden wuchernden Mikroorganismen beeinflussen den Handelswert des Kaffees sehr ungünstig.

Röstung. Der nach der Trocknung jetzt vorliegende Rohkaffee ist versandbereit und kann nach ausreichender Lagerung dem Röstprozeß unterworfen werden. Dieser Prozeß verlangt die genaueste Beachtung von Vorschriften, damit die entstehenden Duftstoffe nicht verloren gehen. Deshalb hat sich im Laufe der letzten Jahrzehnte die Vornahme des Röstens vom Haushalt und Kleinbetrieb (Kaufmann) auf große, mit allen Mitteln ausgerüstete Röstereien übertragen. Hier ist es möglich, die genaue Temperatur je nach der verlangten Bräunung einzuhalten. Anschließend an den Prozeß müssen die Bohnen rasch gekühlt werden, da das flüchtige Aroma

---

[3] HERNDLHOFER: Z. Untersuchg. Lebensmitt. Bd. 65 (1933) S. 561.
[3a] CIAMICIAN, G. und C. RAVENNA: C. R. Acad. Sci., Paris Bd. 171 (1920) S. 836.
[4] PERRIER: C. R. Acad. Sci., Paris Bd. 193 (1931) S. 547; Bd. 194 (1932) S. 306. — LILIENFELD-TOAL: Zbl. Bakter. II Bd. 85 (1932) S. 250.

bei der hohen Temperatur leicht entflieht. Schon während des Prozesses selbst kann das Entfliehen von Substanzen, darunter auch das Sublimieren von Koffein[5] festgestellt werden. Während der zunehmenden Röstung nimmt der Gehalt an Duft- und Extraktstoffen zu. Deshalb darf die Röstung nur solange fortgesetzt werden, als der Verlust ihre Zunahme nicht übersteigt. Wenn man den Rohkaffee durch immerwiederkehrende Extraktion mit Wasser, Alkohol und Äther erschöpft hat und den zurückgebliebenen Rest nach erfolgter Trocknung röstet, kann man durch Röstung das Auftreten neuer Extraktmengen beobachten[6].

Wenn auch ein gewisser Verlust an Gewicht, Wasser und anderen Stoffen während des Röstens zustande kommt und die Bohne dadurch leichter wird (im Durchschnitt 18,5%) bläht sich die Bohne um 30—40% ihres Ausgangsvolumens auf.

Chemie.

Die Kaffeebohne. Die Annahme, daß durch die Hitzeeinwirkung auf die Eiweißkörper in der Kaffeebohne Histamin entstehe[7], konnte durch GUMMEL bei HEUBNER[7a] nicht bestätigt werden. Es handelte sich um Cholin, das in einer Menge von 0,022% im Kaffee vorliegt[8]. Die Verbreitung des Cholins bei den verschiedensten Nahrungsmitteln ist sehr allgemein, entweder als freies Cholin (z. B. im Sauerkraut) oder an Lezithin gebunden wie im Fleisch usw.

Als ein weiteres Alkaloid ist zu nennen das Trigonellin. Dieses hatte früher den Namen Coffearin, bis es mit der Base identifiziert wurde, die zuerst in den Boxhornsamen Trigonella foenium graecum gefunden worden war und daher ihren Namen erhalten hatte. Später fand man es in Erbsen, Hanfsamen, Hafer, Kartoffeln[9]. Die Menge im Kaffee wird von NOTTBOHM und MAYER[10] mit

---

[5] VALENTINI DE CHRISTIANI, H.: Chem.-Ztg. Bd. I (1928) S. 2675. — CANDIDO, F.: J. Pharmacie VIII Bd. 19 (1934) S. 386.

[6] CIUPKA: Chem.-Ztg. Bd. 54 (1930) S. 803.

[7] DIEMAIR: Dtsch. Lebensmitt.-Rdsch. 1937 S. 209. Allerdings chem. Nachweis:

[7a] GUMMEL und KIESE: Aepp. Bd. 188 (1938) S. 215.

[8] NOTTBOHM, E. F. und MAYER: Z. Untersuch. Lebensmitt. Bd. 63 (1932) S. 176.

[9] HEIDUSCHKA und BRÜCHNER: J. prakt. Chem. (2) Bd. 130 (1931) S. 11.

[10] NOTTBOHM und MAYER: Z. Untersuch. Lebensmitt. Bd. 61 (1931) S. 429.

0,43% angegeben, beträgt also etwa ein Drittel der Menge des Koffeins.

Koffein selbst wird in den einzelnen Kaffeesorten in verschiedener Menge angetroffen, bis 2,4% wurden gefunden. Bei den Sorten mit hohem Koffeingehalt handelt es sich meistens um wilde Arten, die in Deutschland wohl kaum im Handel sein dürften. Bei uns werden wir mit der Menge von 1—1,2% rechnen dürfen, ohne daß wesentliche Schwankungen vorkommen. Während des Röstens kommt es zur Sublimation kleiner Koffeinmengen von etwa 5—10% des vorher vorhandenen, aber die Gewichtsabnahme der Bohnen ist von gleicher Größenordnung, so daß der relative Gehalt sich kaum ändert.

Das Koffein liegt als Kalium-Koffein-Doppelsalz der Chlorogensäure vor. Es ist eine ähnliche Verbindung wie in der Kolanuß das Koffein-Kolatin. Bei beiden Körpern handelt es sich um eine außerordentlich lockere Bindung, so locker, daß schon geringes Anfeuchten der Kaffeebohnen oder der Kolanuß genügt, um dem Koffein den Übertritt in Chloroform zu ermöglichen. Nur dadurch, daß diese Komplexverbindung so außerordentlich locker ist, ist es überhaupt möglich, durch leichtes Quellen des Kaffees in Wasserdampf das Koffein zur Extraktion mit organischen Lösungsmitteln zu mobilisieren. Dementsprechend hat GEHLEN[11] bei seinen Untersuchungen mit der analogen Verbindung der Kolanuß durchaus keine andere Wirkungsart gefunden als bei reinem Koffein, selbst an isolierten Organen[11a], wo die Möglichkeiten für eine Wirkung der Komplexverbindung sehr viel günstiger sind. Deshalb wird man auch im Kaffee keine Modifikation der Koffeinwirkung durch die Chlorogensäure erwarten dürfen. Dasselbe gilt von den Komplexen zwischen Koffein und Salizylsäure bzw. Benzoesäure, die LABES, SCHÜLLER und ZIPF untersucht haben[12].

Die Chlorogensäure, die früher Kaffeegerbsäure genannt wurde, besteht aus einer esterartigen Bindung zwischen Kaffee und China-

---

[11] GEHLEN, W.: Aepp. Bd. 174 (1933) S. 695. Die im Text der Arbeit behauptete schnellere Resorption beim Doppelsalz mit rascherem Auftreten von Krämpfen findet in den angegebenen Versuchen keine statistisch haltbare Stütze. Beim Muskel leichtere Verzögerung der Kontraktur.

[11a] NOWATKE, vgl. Rona 105, 18, hält die Doppelsalze von Koffein mit Benzoesäure usw. nur für Gemische mit ihren Dialysekonstanten. Siehe dazu die Befunde von SCHÜLLER usw. am Skelettmuskel.

[12] Siehe auch W. NOWATKE: Chem.-Ztg. Bd. I (1938) S. 362.

säure[13, 14]. Nach den Untersuchungen von FREUDENBERG[13] hat sie gerbstoffähnliche Eigenschaften, z. B. Fällungen in 10proz. Gelatine. In der rohen Bohne liegt die Konzentration zwischen 6,3—7,7%, nach dem Rösten sinkt sie auf 3,2—4,5% je nach Röstungsart und Herkunft des Kaffees[15, 16]. Die Chlorogensäure ist sehr empfindlich gegen chemische Eingriffe und kann durch hochgespannten überhitzten Wasserdampf zerlegt werden. Da anscheinend der harte Geschmack mancher Kaffeesorten durch hohen Chlorogensäuregehalt veranlaßt ist, kann man durch ihre Zerlegung eine Milderung des Geschmackes erzielen, was beim Idee-Kaffee bemerkbar ist.

Der wichtigste Geschmacksfaktor, der auch die Unterschiedlichkeit der einzelnen Lagen oder Kreszenzen verursacht, besteht in den flüchtigen Substanzen, die erst sekundär durch den Röstprozeß hervorgerufen werden, da sie sonst bei der Extraktion der rohen Kaffeebohne zur Gewinnung koffeinfreien Kaffees verlorengehen würden. Ursprünglich liegen sie vielleicht gebunden an Kohlehydrate vor, ähnlich wie die Methylgruppe bei Pentosanen, so daß dann Methylalkohol entsteht; ebenso weist darauf hin das Vorkommen von Furfurol und seinen Derivaten aus Halbzellulosen. Neuerdings wurden aus dem Destillat durch Untersuchungen von PRESCOTT und Mitarbeitern[17] folgende 10 Verbindungen isoliert: Diazethyl, Diäthylketon, Vanillon, p-Vinyl-Guajacol, Guajacol, Heptikosan, p-Vinyl-Catechol, Sylvestron, Eugenol. Früher wurden schon verschiedene Merkaptane, Azeton, Methylalkohol usw. gefunden[17a]).

Die Fette in der Bohne werden durch den Röstprozeß kaum geändert, wenn auch zahlreiche Fettsäuren mit Doppelbindungen vorliegen[18], die beim Lagern des Kaffees leicht Sauerstoff addieren.

---

[13] FREUDENBERG: Ber. Bd. 53 (1920) S. 232.
[14] TIEDECKE: Z. Untersuchg. Lebensmitt. Bd. 71 (1936) S. 217.
[15] HOEPFNER: Z. Untersuchg. Lebensmitt. Bd. 66 (1931) S. 238.
[16] VALENTIN: Pharmazeut. Ztg. Bd. 82 (1937) S. 527.
[17] PRESCOTT, EMERSON, WOODWARD, HEGGIE: Food. Res. Bd. 2 (1937) S. 165.
[17a] Eine ausgezeichnete Darstellung der Chemie findet sich von TÄUFEL: Handb. d. Lebensmittelchemie, Bd. 6. Berlin: Julius Springer 1934.
[18] Etwa 52—54% der Fettsäuren bestehen aus ungesättigten Fettsäuren und zwar zu gleichen Teilen Linol- und Ölsäure. R. O. BENGIS und ANDERSON: J. biol. Chem. Bd. 105 (1934) S. 139.

Sistosterin, eine ergosterinartige Verbindung fand sich weiterhin, so daß man antirachitische Eigenschaften annehmen zu müssen glaubte[19], was nicht bestätigt wurde[19a], ebenso wie das Vorkommen von Vitamin-C im Kaffeegetränk nicht bestätigt werden konnte [20, 20b]. Das Fett, das zu 10—15% im Kaffee vorkommt, versucht man jetzt zur Fettgewinnung nutzbar zu machen, um auch mindere Kaffeesorten irgendeiner Verwendung zuzuführen. Diese Darstellung konnte nur eine Aufzählung der Möglichkeiten pharmakologischer Wirkungen enthalten. Vollständig kann sie nicht sein, weil eine große Zahl von Substanzen noch absolut unbekannt sind, z. B. sind es die Röstprodukte, die im täglichen Leben eine allgemeine Verbreitung haben überall da, wo gebraten und gebacken wird. Doch müssen wir hier einige Bemerkungen über das Kaffeegetränk anschließen, wobei sich mancherlei Hinweise auf die pharmakologische Wirkung ergeben werden.

Das Kaffeegetränk. Bei der Zubereitung des Kaffeegetränks hat man auf zwei Momente zu achten: Auf die Stärke des gesamten Getränkes und auf die Art der Zubereitung und den Geschmack. Die Zubereitung wird von Kaffeekennern mit der Wichtigkeit einer kultischen Handlung betrieben. Das Wasser darf nicht zu hart sein, auf keinen Fall eisenhaltig, es darf, wenn möglich überhaupt kein Metall an das Getränk herankommen, worauf die Beduinen streng sehen, bei denen der Kaffee in Holzmörsern zerstoßen und entsprechend aufgebrüht wird. Die Beschaffenheit des Filters ist von Wichtigkeit usw. Von den ganzen Verfahren wollen wir nur zwei herausgreifen und zwar die Zubereitung nach türkischer und

---

[19] SCHWARZ, L. und SIEKE: Arch. Hyg. Bd. 104 (1930) S. 65. MCCOLLUM 3143. Diät.

[19a] NOËL und DANNMEYER: Strahlentherapie Bd. 38 (1930) S. 583.

[19b] Siehe über das Vorkommen von Vitamin D in Kakaoschalen, KNAPP und COWARD: Biochemic. J. Bd. 29 (1935) S. 2728.

[20] SCHEUNERT und RESCHKE: Klin. Wschr. Bd. II (1931) S. 1452.

[20a] Dagegen bei Tee, MATTILL und PRATT: Proc. Soc. exper. Biol. a. Med. Bd. 26 (1928) S. 82.

[20α] GATTI, MENCUDEZ und KNALLINSKI: Chem. Zbl. Bd. I (1938) S. 3073 berichten, daß im Chacokrieg durch Mate Skorbut nicht verhindert wurde.

[20b] P. DE MATTEI will das Vorkommen einer antineuritischen Wirksamkeit in geröstetem Kaffee gefunden haben, aber nur im gerösteten Kaffee. Siehe dazu die Arbeiten des Autors: α) Policlinico Bd. 27 (1920) S. 1011. β) Bull. accad. med. Roma Bd. 46 (1920) S. 229. γ) Arch. farmacol. sperm. Bd. 35 (1923) S. 5 u. 17.

nach unserer Art. Es wird in der Literatur angegeben — allerdings ohne genügende Unterlagen — daß der türkische Kaffee bekömmlicher sei und in größerer Menge getrunken werden könne, als nach unserer Zubereitung [21]. Der Hauptunterschied bei der Zubereitung beruht auf der besonders feinen Mahlung beim türkischen Kaffee. Dadurch werden die Kaffeeauszüge nicht klar, sondern bleiben trübe. Aber wenn man, wie es im Orient üblich ist, den Kaffeesatz mittrinkt, dann kann der Koffeingehalt ebensowenig mit der Art der Zubereitung zu tun haben, wie etwa das Vorhandensein von Zucker eine bessere oder schlechtere Erschöpfung der Bohnen verursacht [22]. Wenn der Kaffeegrund des türkischen Getränks nicht mitgetrunken wird, dann sind die Verhältnisse andere bzw. diskutierbar. Die Kaffeekohle ist einer aktiven Kohle gleichzusetzen, wenn auch die Adsorptionskraft bisher nicht gemessen wurde. Je weniger Flüssigkeit auf die gleiche Menge Kaffeepulver gegossen wird, desto ungünstiger ist das Gleichgewicht für die überstehende Flüssigkeit und dann kann es sein, daß statt der in unserem Getränk etwa ausgelaugten 80—90% des Koffeins nur noch 60% in die Flüssigkeit übergehen und relativ größere Kaffeemengen zu kleinerer Koffeineinnahme führen [23a]. Das wird aber wahrscheinlich wenig abhängig sein von der Feinheit der Mahlung, da bei der aktiven Kohle die Stärke der Mahlung im Verhältnis zu der Größe der inneren Oberfläche eine geringere Rolle spielt. Nach dieser Vorstellung ist es nicht verständlich, wenn HOLSTE [21] bei Übergießen von 32 g grob gemahlenem Kaffees mit 600 ccm Wasser 97,6%, bei 500 ccm auf fein gemahlenen Kaffee aber nur 56,8% in der überstehenden Flüssigkeit findet. Diese Frage wäre noch zu untersuchen. Ganz anders verhält es sich bei dieser Mahlung mit der Zunahme der Extraktstoffe, da es sich bei diesen sicherlich nicht um leicht auch durch enge Kanäle einer inneren Oberfläche diffundierbare Substanzen handelt. Da wird es verständlich sein, wenn BÄSSLER und TÄUFEL [23] mit zunehmender Feinheit des Mahlens einen zunehmenden Extraktgehalt finden, aber der Koffeingehalt nicht entsprechend zunimmt (s. auch [23a]).

---

[21] HOLSTE und MIHOLIĆ: Arch. Hyg. Bd. 113 (1934) S. 108.
[22] JESSER: Z. Untersuchg. Lebensmitt. Bd. 52 (1926) S. 389.
[23] BÄSSLER und TÄUFEL: Dtsch. Lebensmitt.-Rdsch. 1937 S. 265.
[23a] SLOTA und NEISSER: Rev. Inst. Café Nr. 127/Sept. 1937 bestätigen in neuerlichen Versuchen durch das Experiment unsere obige Darstellung.

Das Kaffeegetränk.

Alle diese Vorstellungen kann man aber auf keinen Fall für die eventuell bessere Bekömmlichkeit des türkischen Kaffees verantwortlich machen, wenn das gesamte feine Kaffeepulver mitgetrunken wird. Zur Entfernung des Koffeins aus unserem Kaffeegetränk wurde Zusatz aktiver Kohle empfohlen[24], wobei aber der Geschmack des Kaffees leidet, da auch die Duftstoffe adsorbiert werden. Auch hier darf die Kohle nicht mitgetrunken werden, da solche Adsorptionsverbindungen immer wieder im Darmkanal gelöst werden können, und schon gelöst werden, wenn, ganz abgesehen von der Resorption, allein die Magen- und Darmsekrete dazukommen. Aber man kann erreichen, daß der Organismus das Koffein nur langsam zugeführt erhält, denn die Lösung solcher Adsorptionsverbindungen erfolgt langsam, wie man aus den Erfolgen der Adsorptionstherapie ersieht. Für das Eintreten irgendwelcher Giftwirkung — das gilt nicht nur für Koffein — ist aber die Geschwindigkeit der Überschwemmung des Organismus von beträchtlicher Bedeutung. Dabei spielt die Frage, ob im Verlauf der langsameren Resorption die Entgiftungskraft des Organismus einsetzt, so daß die Konzentration im Organismus unter einer bestimmten Grenze gehalten wird, nicht die allein entscheidende Rolle. Auf diesen Punkt werden wir im weiteren Verlauf unserer Betrachtungen noch zurückkommen. Daneben ist die absolute Größe der verordneten Dosis von leitender Bedeutung, denn das ist verständlich: nicht der Nachweis irgendeiner Wirkung in irgendeiner Richtung ist wesentlich, sondern die wissenschaftliche Beurteilung beginnt erst da, wo die praktische Bedeutung der soeben gemachten Beobachtung abgeschätzt wird. Es handelt sich demnach immer um eine Dosierung und diese Frage wird uns bei unseren ganzen Untersuchungen leiten.

Damit wir einen Überblick bekommen, wenn wir von Koffeinwirkungen sprechen, in welcher Weise hier eine Abschätzung zu geschehen hat, möchte ich folgende Zahlen angeben:

In einer Tasse Kaffee von 150 ccm, wie sie im Haushalt üblich

---

In ihrer Darstellung ist für uns überraschend, daß in Brasilien durch das stärkere Kaffeegetränk Nährstoffe zugeführt werden sollen, was ebenso wie beim Malzkaffee natürlich möglich ist. Die Koffeinzufuhr würde dann relativ sinken, d. h. nicht mit dem Extrakt steigen.

[24] SARTORIUS und OTTEMEYER: Z. Untersuchg. Lebensmitt. Bd. 58 (1929) S. 353. — SCHLOSSMANN: Z. Untersuchg. Lebensmitt. Bd. 61 (1931) S. 509.

ist, bei Vermeidung des Zusatzes eines Surrogats wie Zichorie u. dgl. werden etwa 4—5, bei einem sehr guten Kaffee 5—6 g Kaffeepulver benötigt. Diesen Mengen entsprechen 0,04; 0,05 bzw. 0,06 g Koffein[25]. HEUBNER stellte 0,08 g Koffein in einer Tasse guten Kaffees, 0,05 g in einer Tasse guten Tees fest. Bei starken Getränken, wie sie in guten Restaurants manchmal gegeben werden, finden sich 0,1 g Koffein[26], bei sog. Mokka können pro Portion 0,2 g und mehr vorkommen. Das sind allerdings sehr seltene Getränke. Ich möchte darauf hinweisen, daß vor 50—60 Jahren in Deutschland viel stärkere Aufgüsse bereitet wurden und daß in Amerika, insbesondere natürlich in den Kaffee anbauenden Ländern selbst, sehr viel stärkere Getränke üblich sind (s. auch [23a]).

Zentralnervensystem.

Nachdem wir vorerst den einen Teil unseres Vortragsthemas, das Kaffeegetränk selbst näher kennen gelernt haben, kommen wir jetzt zur Wirkung der einzelnen Faktoren im Kaffeegetränk auf Lebewesen im allgemeinen und auf den Menschen in besonderem. Hier wird nun an die Spitze die Beeinflussung des Zentralnervensystems durch den Kaffee zu setzen sein, denn in dieser Wirkung ist der Grund seiner Einführung und der Einführung aller koffeinhaltiger Getränke und Genußmittel zu sehen (STRAUB).

Wirkung der Röstprodukte. Die wesentliche und prinzipielle Frage, die beachtet werden muß, ist die, ob im Kaffeegetränk Substanzen vorhanden sind, abgesehen von Koffein, die eine günstige, geistig anregende Wirkung haben. Wenn man dieses bejahen könnte, dann würde sich für die analytische Chemie und Pharmakologie sofort die Aufgabe ergeben, die fraglichen Substanzen zu isolieren und sie etwa der Therapie nutzbar zu machen. Bei Durchsicht der vorliegenden Untersuchungen findet man manchmal die Angabe, daß auch der koffeinfreie Kaffee anregende Wirkungen besäße. Man führt an, daß das Koffein im Tee besser vertragen würde als im Kaffee selbst und nimmt an, daß die unbekannten anderen Faktoren sich zu der Koffeinwirkung addieren müßten. Vielleicht handelt es sich um die im Kaffee vorkommende

---

[25] Mitt. Ver. dtsch. Lebensmittelchem. Nr. 5 (1937).

[26] GERFELDT, E.: Unsere Nahrungs- und Genußmittel. Leipzig: Thieme 1935.

höhere Koffeinmenge (s. oben Kaffeegetränk). Bevor man in diese Diskussion eintritt, wird man ohne weiteres zugeben müssen, daß bei Leuten, die durstig oder auch nur erschöpft sind, jedes Getränk, bei vielen anderen jedes wohlschmeckende Getränk anregend wirken kann. Besonders die bekannten unangenehmen Empfindungen bei leerem Magen können die geistige Leistungsfähigkeit herabsetzen. Zur Beseitigung dieser Sensationen ist merkwürdigerweise der Kaffee besser geeignet als der Tee, worüber noch zu sprechen sein wird. Eine Beseitigung dieser Sensationen wird selbstverständlich die geistige Leistungsfähigkeit ohne weiteres heben, ohne daß ein anderer Grund, als die reflektorische Beeinflussung solcher Unlustgefühle eine Rolle spielt. Eine wirkliche direkte Beeinflussung des Zentralnervensystems ist damit noch nicht gegeben.

Die einzige Arbeit in dieser Richtung, die über Allgemeinplätze wie ,,man habe den Eindruck, daß . . ." hinausgeht, ist die Untersuchung von MAIER[27]. Hier wird der Vergleich gezogen zwischen einem Kaffeegetränk, das aus 30 g Santos auf 300 ccm oder der entsprechenden Menge Kaffee Hag besteht. Die Darreichung erfolgte um 10 Uhr vormittags, 2½ Stunden nach dem Morgenkaffee, also auf leeren Magen. Geprüft wurde die Fähigkeit zu addieren nach der Kraepelinschen Methodik und zwar bei 13 Versuchspersonen, Patienten der psychiatrischen Klinik, darunter einige Hysterische, einige manisch Depressive, ein debiler Alkoholiker, vier hatten psychische Schädigungen nach traumatischer Gehirnerschütterung, drei waren psychopathische Querulanten mit Versicherungsneurose. Die Untersuchung ergab Verbesserung der Leistungen, auch Verringerung der Zahl der Fehler, die ganz unabhängig von der Anwesenheit von Koffein im Getränk waren. Bei einem Patienten, der zweimal in den Versuch kam, einmal vor und einmal nach der Abheilung einer gewerblichen Brommethylvergiftung, zeigte sich zuerst eine Verdreifachung der Leistung, nach der Abheilung gar keine Änderung mehr. Weiterhin ist auffällig, daß die Besserung sofort nach dem Trinken des Kaffees einsetzte, während sonst die Koffeinwirkung einige Zeit (60 Minuten u. m.) bis zur vollen Auswirkung auf sich warten läßt und niemals solche Ausmaße erreicht. Das Resultat, nach dem bei fünf Versuchen mit

---

[27] MAIER, H. W.: Schweiz. Arch. Neur. Bd. 9 (1921) S. 244; Bd. 10 (1921) S. 80.

Hag, bei ebensovielen mit Santos, bei vier Versuchen mit beiden, gleichmäßig eine bessere Wirkung erzielt wurde, zeigt das Schwanken der Resultate und weist auf einen der vorhergenannten Gründe (Beseitigung von Unlustgefühlen) für solche Befunde auf. Diese Versuche wurden wegen der Erstaunlichkeit der Befunde oft wiederholt, aber nie bestätigt. Wir werden auch fragen, ob das Versuchsmaterial selbst, alles schwer psychisch erkrankte Patienten, überhaupt geeignet ist für solche Versuche und als Vergleich für den Gesunden herangezogen werden kann, ohne genügende wissenschaftliche Sicherungen einzuschalten. Wenn die Annahme von MAIER, daß solche Patienten besonders koffeinempfindlich und deshalb für die Untersuchung besonders geeignet seien, wirklich zutreffen sollte, dann müßte man erwarten, daß der im Kaffee Hag bei dieser Dosierung vorhandene geringe Koffeingehalt von 0,02 g eine Wirkung gehabt habe und die Dosis von 0,25 g Koffein bei den anderen Patienten jenseits der günstigen Dosierung gelegen habe. Nach den Versuchsprotokollen sind solche besonderen Empfindlichkeiten bei diesen Patienten durchaus nicht anzunehmen. Schon früher hatte K. B. LEHMANN bei seinen Versuchspersonen auch bei höchsten Gaben von Brenzprodukten keine irgendwie geartete psychische Wirkung wahrnehmen können. Wir werden also die Untersuchung von MAIER[27] nicht berücksichtigen können und werden die einzige psychische Wirksamkeit — immer abgesehen von den oben angeführten Reflexen — dem Koffein selbst zubilligen, die allerdings durch die Nebenprodukte in geringem Ausmaße modifiziert wird. Auch in Versuchen an Ratten wurde durch GUMMEL[28] diese Behauptung erhärtet. In diesen Versuchen wurde die Beweglichkeit der Tiere durch koffeinfreien Kaffee in keiner Weise beeinflußt. Die gute Verträglichkeit des Tees soll[29] auf der Möglichkeit beruhen, daß Koffein durch die Gerbsäure des Tees gefällt wird, und dadurch der Resorption entgeht. Diese Annahme ist nach der Eigenschaft der Koffeingerbsäureverbindung im höchsten Grade unwahrscheinlich. Zum Überfluß hat LEHMANN[30] die Identität der Teewirkung mit dem Koffeingehalt deut-

---

[28] GUMMEL, H. und M. KIESE: Aepp. Bd. 188 (1938) S. 215.
[29] PAPENDIEK: Dermatl. Wschr. I Bd. 96 (1933) S. 160.
[30] LEHMANN, K. B.: Münch. med. Wschr. 1913 S. 281.
[30a] LEHMANN, K. B.: Umsch. 1930 Heft 51.
[30b] Die Vorstellungen von MACHT und SCHRIEDER: Klin. Wschr. 1930 II

lich genug dargetan. Immerhin bestände theoretisch die Möglichkeit, daß die Beiprodukte des Getränkes z. B. auf dem Umwege über die Resorptionsgeschwindigkeit modifizierend auf den Endeffekt einwirken können.

Koffein. Nachdem wir so die Koffeinwirkung auf das Zentralnervensystem in der Wirkung des Kaffees überhaupt in den Vordergrund gestellt haben, wollen wir auch gleich darauf hinweisen, daß es selbstverständlich Dosierungen gibt, die unangenehme Begleiterscheinungen verursachen können, und deshalb wird unsere Untersuchung hier sich neben der rein qualitativen Wirkung wesentlich mit der quantitativen Frage zu beschäftigen haben.

Die Erregung des Zentralnervensystems ist leicht am Tier zu beweisen. Bei der Maus[31] und Ratte läßt sich die Erregung bis 60 mg/kg nachweisen, dann kommt ein Umschlag in Lähmung. Die Erregung erstreckt sich auch bei Tieren vorwiegend auf die Großhirnrinde, wie der Nachweis von Potentialschwankungen[32] ergibt. Durch lokale Applikation kann sogar die Erregbarkeit der einzelnen Zentren isoliert ausgelöst werden[33].

Geistige Funktionen. Es wäre nun unzureichend, die Leistungen des Koffeins auf das Zentralnervensystem einfach mit dem Allgemeinplatz zu beschreiben, daß es die geistigen Funktionen steigere. Hier besteht die Notwendigkeit, einzelne Funktionen gesondert zu prüfen und auszuwerten. Es soll der Versuch unternommen werden, von einem gemeinsamen Gesichtspunkt aus vorerst die qualitative Einwirkung zu beschreiben.

Bei unserer Betrachtung gehen wir von der durch KANT in der „Kritik der reinen Vernunft" und in SCHOPENHAUERS „Welt als Wille und Vorstellung" dargelegten Struktur unseres Verstandes aus. Die an sich mögliche Darstellung von ERNST MACH in seiner „Analyse der Empfindungen" unter Verwendung von Elementenkomplexen ist zwar sehr elastisch und anpassungsfähig, aber das Prinzip der Wissenschaft besteht nicht nur in der An-

---

S. 2429, daß das Adenin im Tee eine antagonistische Wirkung gegenüber dem Koffein entfalte, ist unbewiesen und unwahrscheinlich. Siehe auch:
[30c] MACHT: Proc. Soc. exper. Biol. a. Med. Bd. 29 (1932) S. 953.
[31] DRUCKREY, MÜLLER und STUHLMANN: Aepp. Bd. 185 (1937) S. 221. Siehe auch TARTLER: Anmerkung 63.
[32] FISCHER, M. H. und LÖWENBACH: Aepp. Bd. 174 (1934) S. 502.
[33] F. BRESLAUER-SCHUECK: Dtsch. med. Wschr. 1920 S. 1295.
[33a] AMANTEA, G.: Arch. Farmacol. sperm. Bd. 30 (1920) S. 3.

gleichung der Gedanken an die Erfahrung und unter sich, sondern gerade aus Gründen der Ökonomie des Denkens in der Subsumtion. Dazu schien mir die SCHOPENHAUERsche Beschreibung geeignet, wobei mir irgendwelche methaphysischen Nebengedanken fernliegen. Eine anatomische Lokalisierung in irgendwelcher Form ist dabei nicht beabsichtigt.

Verstand. Der menschliche Verstand enthält in sich die Vernunft. Die Vernunft ist das Vermögen der Begriffe und der Abstraktion. Hier ist das Reich der Gedanken und Assoziationen und der Reflexionen. Die Reflexionen beeinflussen unser Handeln durch Abwägung der Motive. Die Sphäre des Handelns, also des Willens, ist der Sphäre der Reflexionen entgegengeschaltet. Wenn SCHOPENHAUER sagt, der Wille ist blind, dann werden wir hinzusetzen: der Wille macht blind durch Ausschaltung der Reflexionen. Eine wirkliche Harmonie zwischen Willen und Fähigkeit des Denkens gehört zur Vollkommenheit der Persönlichkeit. Nur eine große Intelligenz kann einen großen Willen ertragen und umgekehrt. Im Bereich dieser Verhältnisse spielt sich der Widerstreit ab zwischen den Menschen der Vita activa und denen der Vita contemplativa von dem NIETZSCHE in seiner „Morgenröte" spricht. Die Grenzen zwischen diesen beiden Sphären sind meistens durch Vererbung bestimmt, sind aber durch die Art der Beschäftigung nicht unbeeinflußt, wie wir an der relativen Willensschwäche von Menschen sehen, nachdem sie ihr Leben mit theoretischer Beschäftigung zugebracht haben. In diesem Bereich spielt sich die Koffeinwirkung vorerst ab. Durch Erleichterung der Gedanken, durch Vermehrung der Reflexionen kommt es zu einem Überwiegen der Sphäre der Vernunft und deshalb zur Schwächung motorischer Willensimpulse, die KRAEPELIN[34] in ganz anderer Weise experimentell erschlossen hat.

Wir sehen aus dieser Darstellung, daß man mit der allgemeinen Formel: „Koffein reizt das Zentralnervensystem" keineswegs auskommen kann. Wir haben die Beziehungen des Zentralnervensystems als in einem gewissen Gleichgewichtszustand aufzufassen, und hier kann nicht — vorausgesetzt, daß keine Ermüdung vorliegt — eine gleichmäßige Veränderung erwartet werden. Wir haben die Hemmung der motorischen Willensimpulse ausschließlich gefaßt

---

[34] KRAEPELIN: Über die Beeinflussung einfacher psychischer Vorgänge durch einige Arzneimittel. Jena 1892.

als die Folge der psychologischen Veränderung in der Sphäre der Reflexion, ohne eine wirkliche Lähmung der niederen Funktionen des Zentralnervensystems anzunehmen, weil das nicht notwendig ist und im Zustand der Ermüdung der gegenteilige Prozeß eher nachweisbar ist.

Gefühle. In den Bereich der Willenssphäre gehört die Sphäre der allgemeinen Gefühle. Wir wissen von der Praktik der buddhistischen Heiligen, daß sie durch Reflexionen Sorgen und Kummer, Mißstimmungen und Schmerzen beseitigen und bekämpfen. Genau dasselbe wird man erwarten dürfen durch künstliche Anregung und Begünstigung der Reflexionen. Man sieht die Gefühlssphäre wie durch einen Schleier. Viele Dinge werden als Kummer genommen, die bei weiterer Überlegung nicht der Mißstimmung wert erscheinen. Depressionen kommen zustande dadurch, daß ein Gedankenablauf überwertig sich immer im Kreise dreht. Durch Erleichterung der Beachtung von neuen Gesichtspunkten kann die Depression vermindert werden. Hier paßt der Ausspruch von C. Voit: „Die Wirkung des Kaffees ist so, daß wir uns über unerfreuliche Dinge weniger ärgern und leichter Schwierigkeiten überwinden können"[34a]. Alle solche Dinge sind rein psychologisch verständlich. Auf welchem Wege die Beobachtungen über die Beseitigung von psychischen Depressionen[27, 35] bei vielen Menschen durch Kaffee zustande kommen, bei manchen sogar eine gewisse Euphorie beobachtet wird, ist vielleicht nicht ausschließlich von dieser Seite aus zu beschreiben. Januschke[37a] führte sogar regelrechte Koffeinkuren bei depremierten und ängstlichen Kindern jahrelang durch und hält das für das beste Heilmittel. Es werden auch in seltenen Fällen durch Koffeinwirkung Mißstimmungen berichtet, die Einwirkung auf die Stimmungslage ist also nicht einheitlich. Sicherlich wird man beachten müssen, daß auch Schmerzen abgestumpft werden können, wie man bei Versuchen an der Zahnpulpa gelegentlich erwähnt hat[36], obwohl man bei der Kombinationswirkung mit antipyretischen Substanzen sicherlich

---

[34a] Zit. nach All about Coffee W. H. Ukers, New York 1935.
[35] Manamy, M. C. und P. G. Schube: New England J. Med. Bd. 215 (1936) S. 616.
[36] Heinroth: Aepp. Bd. 116 (1926) S. 245.
[37] Allers, R. und E. Freund: Z. Neur. Bd. 97 (1925) S. 748.
[37a] Zit. nach Walko: Prager med. Wschr. 1937 S. 31.

andere Faktoren wird einsetzen müssen. Auch unter den sieben Versuchspersonen von ALLERS und FREUND[37] zeigte eine nach Kaffee mit 0,3 g Koffein solche Depressionen. Diese Versuchsperson trank sonst keinen Kaffee.

In dieser wichtigen Arbeit finden wir jetzt Erweiterungen unserer rein qualitativen Betrachtung. Bei den Versuchen zum Lernen von Worten wurde gefunden, daß die Versuchsperson bei der Reproduktion am nächsten Tage leichter Worte wiederholte, die in die abstrakte Bedeutungssphäre des betreffenden Wortes hineingehörten. Diese Verbindung gibt uns das Verfahren bei der Deponierung neuer Elemente in unser Gedächtnis wieder. Bei der Aufnahme irgendeines neuen Gegenstandes in das Gedächtnis geschieht die Verknüpfung nach bestimmten Grundprinzipien, von denen DAVID HUME (Untersuchungen über den menschlichen Verstand) die Verknüpfung nach der Ähnlichkeit oder Analogie, der räumlichen oder zeitlichen Berührung und schließlich nach der logischen Verbindung (cause or effect) unterscheidet. Nach der bevorzugten Art der Einbettung kann man die prävalierende Art der Verknüpfung feststellen. Wenn ALLERS[37] hier die besondere Einbettung in abstrakte Vorstellungen und Verbindungen erwähnt, so würde das, dem Angriffspunkt unserer obigen Darstellung nach, nämlich im Bereich der Begriffe, einen neuen Gesichtspunkt geben. Aber zugleich erkennen wir hier die Unmöglichkeit, die gesamte Wirkung unter einem einzigen Gesichtspunkt zu beschreiben. KANT sagt in seiner „Kritik der reinen Vernunft": „Begriffe ohne Anschauungen sind leer". Also würden wir eine leere Gedankenarbeit, die Neigung zur Dialektik nach Koffein erwarten können. Aber nach den Untersuchungen von ALLERS finden wir eine Ergänzung in der Begünstigung der Anschauung durch Koffein.

Anschauung. Die Assoziationen werden bildhafter und plastisch, sie laufen durch eine ganze Reihe erlebter Vorstellungen, die Vergegenwärtigung der Einzelheiten der Anschauung wird also besser dargestellt, ein Prozeß, der der reinen Abstraktion genau entgegenläuft. Die leichte Beweglichkeit von Kombinationen ist besonders geeignet für das Schachspiel, und von dem Weltmeister ALJECHIN wird berichtet, daß er besonders viel Kaffee trank und zwar gerade bei Blindpartien, bei denen die Notwendigkeit plastischer Vorstellungen und Kombinatorik besonders deutlich ist.

Die Versuche von HOLCK[38] bei der Lösung von Schachaufgaben mit 0,1 g Koffein ergaben nur eine Beschleunigung der Lösungen um 7—9%. Die Leistungssteigerung ist nur gering, erhält aber ein neues Schlaglicht, wenn man bei Betrachtung die leichten Schachaufgaben fortläßt und nur die schweren berücksichtigt. Der anscheinend routinierte Nußknacker für Schachaufgaben löste besonders diejenigen, bei denen nur wenige Figuren auf dem Brett waren, mit Koffein nicht anders als ohne. Aber sobald die Zahl der Figuren zunahm, steigerte sich die Überlegenheit auf 15%. Vielleicht wären die Resultate bei höherer Dosierung noch besser geworden. Es ist jedenfalls kein Zufall, daß die Schachvereine meist in Kaffeehäusern tagen.

Die Begünstigung des optischen Apparates findet sich in der Erleichterung von Farbensehen[30]. Die Reizschwelle bei anormalen Trichromaten-Farbenblinden wurde durch Koffein erniedrigt, besonders die Rotempfindlichkeit gesteigert[39]. In weiteren Versuchen fanden ALLERS und Mitarbeiter[40] auf 0,3 g Koffein bei zwei Personen eine größere Empfindlichkeit der Peripherie des Auges für Bewegungswahrnehmungen. Bei einer Versuchsperson, die nach Koffein depressiv wurde, trat das nicht ein. Das Eintreten der Depression hatte auch schon in den früheren Versuchen[37] das Zustandekommen plastischer Anschauungen verhindert, während eine Versuchsperson, die zu rein abstraktem unanschaulichen Denken neigte, trotzdem lebhaft anschauliche Bilder sah.

Urteilskraft. Als einen wesentlichen Faktor des menschlichen Verstandes werden wir die Urteilskraft ansehen müssen. Durch die zahlreicheren Assoziationen, die unter Koffein eintreten und die Möglichkeit, eine größere Zahl von Vorstellungen gegeneinander abzuwägen, werden wir die Möglichkeit einer Verminderung der Urteilskraft durch Koffein nicht erwarten dürfen. Eine prinzipielle Trennung von allen sog. Rauschmitteln, angefangen vom verhältnismäßig harmlosen Alkohol bis zu den schweren Giften Kokain und Morphin ist dadurch gegeben. Und trotzdem findet man immer wieder solche Behauptungen. Ein Autor[27] gibt ihm eine

---

[38] HOLCK, H. G. O.: J. comp. Psychol. Bd. 15 (1933) S. 301.
[39] WÖLFFLIN: Klin. Mbl. Augenheilk. Bd. 69 (1922) S. 205. 4 Tassen Kaffee, keine nähere Dosierung angegeben.
[40] ALLERS, R., E. FREUND und L. PRAGER: Pflügers Arch. Bd. 212 (1926) S. 183.

gewisse Ähnlichkeit mit dem Kokain, ein anderer[41] behauptet sogar, daß Koffein die Eigenschaft habe, die Reflexionen zu unterdrücken und die Möglichkeiten der Vernunft zu schwächen. Man ist manchmal erstaunt, wie solche Urteile ausgesprochen werden können. Die Schwierigkeit besteht in quantitativen Bestimmungen. HUME spricht von der Unmöglichkeit, psychische Reaktionen quantitativ zu messen, weil, sobald das Zentralnervensystem beobachtet wird, besonders bei Selbstbeobachtungen, der Blickpunkt zu verschwinden beginnt. Und tatsächlich sind auch die Beobachtungen der Psychologen immer nur gewissermaßen primitiv und können nur ganz einfache Reaktionen verfolgen. Manchmal gibt es Widersprüche, die vielleicht bei Beachtung der Dosierungen ihre Erklärung finden können. Hier führe ich als Beispiel die Untersuchungen von Kolapräparaten an. In schon erwähnten Beobachtungen von Gehlen fand sich kein Unterschied der dort vorkommenden Koffeinkomplexverbindung von reinem Koffein. ALLERS[42] verabreicht Kolanuß mit einer Koffeinmenge von 0,3 g und gibt an, daß eine Einwirkung auf die Assoziationen nicht vorliege im Gegensatz zu reinem Koffein. ATZLER[43] empfiehlt gerade Kolanuß — nach unveröffentlichten Untersuchungen — als ein besonders geeignetes Präparat bei der Überwindung von Ermüdungs- und Unlusterscheinungen geistiger Arbeiter im Gegensatz zu ,,aufpeitschenden'' Mitteln.

Wenn man schwerlich die schwierigeren geistigen Funktionen z. B. die Urteilskraft, messend verfolgen kann, so geben doch die einfachen Reaktionen einen gewissen Eindruck, wenn sie beschleunigt ablaufen. Wir werden gewissermaßen auf eine Erleichterung des Denkens auch bei nicht meßbaren Vorgängen schließen dürfen. SCHOPENHAUER führt etwa aus, daß die Länge der Schlußketten wichtig für die Tiefe des Denkens sind. Damit diese Schlußketten aber eine genügende Länge erreichen, sei ein schnelles Denken notwendig, weil das Verknüpfen der einzelnen Analogien oder Begriffssphären nur kurze Zeit gelingt. Also werden wir hier einen Schluß von diesen primitiven meßbaren Vorgängen auf komplizierte Vorgänge, die uns nicht zugänglich sind, für berechtigt halten.

---

[41] ERHARDT: Acta med. scand. (Stockh.) Bd. 71 (1929) S. 94.
[42] ALLERS, R. und E. FREUND: Z. exper. Med. Bd. 49 (1926) S. 644.
[43] ATZLER, E.: Med. Welt 1937 S. 1796.

Bei psychologischen Prüfungen muß man natürlich vermeiden, irgendwelche Fragen vorzulegen, deren Beantwortung ein Wissen voraussetzt. Wenn also CATTELL[44] bei 0,2 g Koffein eine Vermehrung der Leistungen, bei 0,4 g (in Limonade genommen) eine Verminderung der Leistungen feststellt, dann werden wir diesen Befunden, abgesehen von der Streuung des Verfahrens, keine Bedeutung beilegen, obwohl die Resultate im Prinzip richtig sein könnten. Nur an einer Stelle wird bei seinen Untersuchungen die Streuung durch die Wirkung übertroffen, nämlich bei der Verbesserung der logischen Assoziationen. Doch sollen aus diesen Untersuchungen einige mehr klinische Befunde Erwähnung finden, die auch Ansatz zu weiterer Forschung sein können. Bei den Mitgliedern einer gleichen Familie war die Reaktionsart gleichmäßig. Dann berichtet CATTELL, daß die Verträglichkeit für Koffein besser bei denjenigen ist, die wir nach KRETSCHMERS Nomenklatur vielleicht als Pykniker bezeichnen würden.

Auswendig lernen. Wenn Versuche mit Auswendiglernen derart vorgenommen werden wie bei ALLERS[37], nämlich, daß Wortpaare dargeboten werden, und nach 24 Stunden das eine Wort vorgesagt und das andere in einer möglichst kurzen Zeit gesagt werden muß, dann können wir hier voraussetzen, daß Assoziationen beim Lernen eine Rolle spielen. Da also ist die Erleichterung des Lernens unter Koffein mit großer Wahrscheinlichkeit gegeben. Anders ist es beim Darbieten vollkommen sinnloser Worte und Buchstaben, die in Kombinationen zusammen gemerkt und dann wiedergegeben werden sollen, wie bei REIMANN[45]. Hier werden aber auch schon zwei sich teilweise gegenüberliegende Faktoren berücksichtigt. Es kommt eine Überwindung der Trägheit des Zentralnervensystems gegen das Lernen in Frage. Dieser Faktor wird durch Koffein verstärkt. Allerdings in den Versuchen nur in der Weise, daß die Wahrscheinlichkeit einer statistischen Wirklichkeit der Differenz 50:1 besteht. Demgegenüber steht die Wirkung auf die Assoziationen, die hier die Hemmung des ersten Faktors weit übertrifft, so daß ein günstiger Gesamteffekt zustande kommt. Diese Wirkung liegt in den Versuchen außerhalb des dreifachen der Streuung.

---

[44] CATTELL, R. B.: Brit. J. med. Psychol. Bd. 10 (1930) S. 20.
[45] REIMAN, G.: J. exper. Psychol. Bd. 17 (1934) S. 93. Versuche an 17 Personen, darunter 15 graduierte Studenten, eine Tasse schwarzen Kaffee, keine nähere Angabe.

Schließlich wird die Geschwindigkeit durch Koffein einwandfrei beträchtlich vermehrt. KRAEPELIN[34] fand eine anscheinende Hemmung des Auswendiglernens bei solchen Fällen, wo motorische Vorstellungen des Sprechens eine Rolle spielen und zwar aus dem Grunde, weil die Tendenz zu motorischen Impulsen abnimmt, also ein weiterer Faktor, der Störung verursacht, aber auch unter demselben Gesichtspunkt zu verstehen ist[46a]. Im allgemeinen fand er eine Erleichterung des Lernens von 17% bei Tee mit 0,15 g Koffein.

Ein anderer Gesichtspunkt wird durch die PAWLOWsche Schule hineingebracht, die das Auswendiglernen als eine Art von bedingten Reflexen auffaßt, und also das bessere Auswendiglernen unter Koffein als Beseitigung von Hemmungen betrachtet, wie es auch HULL[46] bei seinen Versuchen tut. Die Versuchspersonen erhielten 10 Silben dargeboten, die sie in der richtigen Reihenfolge auswendig zu lernen hatten. Bei der Wiederholung 20 Stunden später, ergab sich, daß die Silben unter Koffein zu früh genannt wurden und zwar um 33% mehr als ohne Koffein. Diese „Antizipationen", als Beseitigung von Hemmungen aufgefaßt, wären an sich geeignet, den Lernerfolg unter Koffein zu verschlechtern. Aber durch das Eintreten anderer Faktoren ist die Zeit bis zum fehlerfreien Erlernen unter 0,2 g Koffein nicht größer als ohne Koffein.

Rechnen. Wir kommen jetzt zu einer Funktionsprüfung, die schon von KRAEPELIN angewandt wurde und am leichtesten zahlenmäßige Resultate ergibt: das Rechnen bzw. der Additionsversuch. Hier handelt es sich, wie einmal gesagt wurde, um die niedrigste geistige Leistung, da sie auch von einer Maschine ersetzt werden könne. Nach KRAEPELIN hat später WEDEMEYER[47] bei einer Reihe von Versuchen begünstigende Resultate erhalten. Einmal wurde kein guter Erfolg erzielt, weil die Versuchsperson sich infolge Ablenkung durch zwangsläufige Gedankenassoziationen bei der hohen Dosierung nicht konzentrieren konnte. Bessere Erfolge hatte an dieser Stelle PAULI[48] der mit Teeaufgüssen, die bis

---

[46] HULL, C. L.: J. gen. Psychol. Bd. 13 (1935) S. 249.

[46a] ERNST MACH (Analyse der Empfindungen) nimmt sogar an, daß nicht nur die Vorstellung, sondern sogar die motorische Tätigkeit selbst notwendig ist zum Lernen von Worten. Also auch hier eine Illustration und Anschluß an unsere früheren Darlegungen.

[47] WEDEMEYER, T.: Aepp. Bd. 85 (1920) S. 339.

[48] PAULI, R.: Arch. Psychol. Bd. 60 (1927) S. 391.

zu 0,6 g Koffein enthielten, an über 60 Personen experimentierte. Die Zunahme der Additionen verlief in einer logarithmischen Kurve. Mit 0,3 g Koffein wurde eine Steigerung der Rechengeschwindigkeit um 15% erreicht. Diese Verbesserung nahm bei weiterer Steigerung der Dosierung nicht weiter zu, also bei 0,6 g wurden nicht bessere Resultate erhalten. Kein Erfolg auf die Geschwindigkeit des Rechnens wurde bei ganz kleinen Dosen von 0,05 g erzielt, aber eine Besserung der Leistung ergab sich auch hier, indem die Zahl der Rechenfehler geringer wurde, die Genauigkeit der Arbeit erhöhte sich. Die Exaktheit der Rechnung überschritt bei 0,3 g ein Maximum, bei 0,6 g haben wir schon etwas mehr Fehler: ein Fehler auf 208 Additionen gegenüber einem Fehler auf 233 Additionen bei 0,3 g. Beim Übergang von der niedrigen zur höheren Dosis sind also die ersten Intoxikationserscheinungen zu bemerken.

Übersicht. Wenn wir nun die Reihenfolge der Veränderungen des Verstandes bei der gesamten Dosierungsskala betrachten, dann finden wir zuerst die Angabe von KRAEPELIN, daß die Reproduktion von eingelernten Reaktionen verbessert wird. ALLERS dagegen sagt, daß das Hersagen eines gelernten Gedichtes sich verschlechtert, dagegen empfiehlt er Kaffee für das Examen, wo die Anpassung an verschiedene geistige Situationen notwendig ist und durch Koffein leichter stattfindet. Den Unterschied in der Darstellung finden wir in der Dosierung begründet, denn KRAEPELIN brauchte 0,1 g, ALLERS aber 0,3 g Koffein. Bei kleineren Dosierungen werden die Gedanken in den gewohnten Bahnen rascher verlaufen, bei größerer Dosierung wird die Möglichkeit der Benutzung ungewohnter Bahnen vermehrt. Physiologisch-anatomisch gesprochen: wenn die Erregung eine Ganglienzelle erreicht, dann wird die Möglichkeit des Überspringens des Funkens nach allen Seiten gebessert. Bei noch höheren Dosierungen fällt der Brennpunkt des Bewußtseins in regelloser Folge und in ungeordnetem Ablauf auf die verschiedensten im Raum des Gedächtnisses angeordneten Inhalte. Dieses nennt man dann Gedankenflucht, die eine toxische Erscheinung und ganz logisch sich ergebende Steigerung der schon vorher bei normaler Dosis begonnenen Erscheinung im Zentralnervensystem darstellt. Die Erscheinung der Gedankenflucht ist durchaus nicht, worauf auch schon KRAEPELIN hinweist, zwangsläufig mit Geschwätzigkeit verbunden, wie man das nach den Erfahrungen des

Kaffeekränzchens annehmen könnte. Das wesentliche zum Zustandekommen der einzelnen Phasen ist die Empfindlichkeit des betreffenden Menschen bei einer bestimmten Dosierung von Koffein. Hier besteht aber beim Kaffeegenuß die Möglichkeit der bei fortlaufendem Trinken allmählichen Einstellung der Dosierung. Die hier angegebenen Dosierungen sind dabei immer als kleinste Dosierungen zu rechnen, weil die Wirkung in jedem Falle stärker ist, wenn die Dosis auf einmal genommen wird. Beim normalen Kaffeegenuß verteilt sich die Zufuhr auf eine längere Zeit.

Ermüdung. Diese ganz verschiedenen Erscheinungen sind erreichbar beim normalen und unermüdeten Nervensystem. Besonders wohltätig und nützlich wird aber die Einwirkung von Koffein bei der Bekämpfung von Ermüdungserscheinungen, wo auch die Frage der motorischen Aktivität neu zu beantworten ist. Beim Ermüdeten ist die Koffeinwirkung absolut schwächer aber vorhanden, d. h. dieselbe Dosis wird beim Ermüdeten nicht zu derselben absoluten Höhe der Wirkung führen, aber relativ werden wir eine stärkere Wirkung feststellen können. Und hier kommen wir auf ein anderes wichtiges Kapitel, nämlich die Beeinflussung des Schlafes durch Kaffee und koffeinhaltige Getränke.

Schlaf. Eine allgemeine Erfahrung bei geistig tätigen Menschen ist die Hemmung des Einschlafens nach vorheriger geistiger Anregung. Die Beruhigung kommt erst allmählich und verzögert zustande nach einer Phase im Kreise sich drehender Gedanken. Wenn durch irgendeine Substanz die geistige Tätigkeit angeregt wird, dann wird selbst dann, wenn z. B. eine Koffeinwirkung nicht mehr vorhanden sein kann, doch noch eine Schlafstörung zu bemerken sein. Darauf ist es zurückzuführen, wenn BRUGSCH[49] bei manchen Menschen vor dem Genuß koffeinhaltiger Getränke später als am frühen Nachmittag warnt. STEPP wies in seinem Vortrage darauf hin, daß die Empfänglichkeit desselben Menschen durchaus schwanken kann. In Zeiten besonderer nervöser Beanspruchung werden kleinere Kaffeemengen wirksamer als sonst. Diese Beobachtung kann ich aus eigener Anschauung bestätigen. Das Primäre ist aber nicht der Kaffee, sondern das „andere Moment". Einen gewissen Gegensatz dazu bilden Kurven aus einer Arbeit, die von

---

[49] BRUGSCH: Pathologie des Kreislaufs, S. 321. Hirzel 1937.

Kaffee Hag[50] zur Reklame verschickt wird (Abb. 1). Auf dieser Abbildung haben sogar Kaffeemengen mit 0,6 g Koffein keine wesentliche Störung dieser sog. Schlafkurve im Gefolge, über deren Zustandekommen ich keine weiteren Worte verlieren will.

Über die Hemmung des Schlafes durch Koffein gibt es eine schöne chinesische Legende[51]: „Der buddhistische Heilige Darma

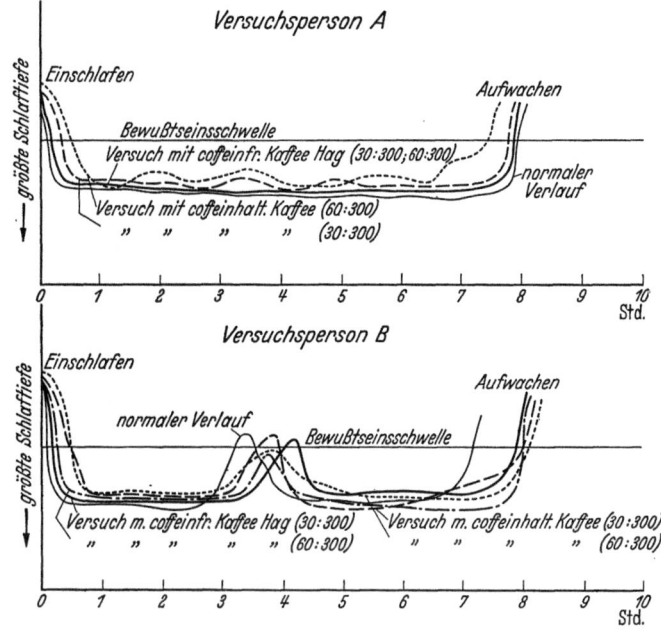

Abb. 1. Nach SCHULTE (50). Schlaftiefen-Kurven in verschiedenen Versuchsnächten. Kurven durch „Befragung" der Versuchspersonen bestimmt.

sei während seiner frommen Übungen gegen eigenen Willen in den Schlaf gesunken. Aus Zorn gegen seine Schwäche habe er sich die Lider der Augen abgeschnitten und von sich geworfen. Aus diesen Lidern sei der Teestrauch entstanden".

Die schlafverscheuchende Wirkung ist aber abhängig von der Dosis. GIDDINGS[52] registrierte die Schlaftiefe an 12 Kindern, die

---
[50] SCHULTE: Der Einfluß des Kaffees auf Körper und Geist, S. 75. Dresden 1929.
[51] HEUPKE, W.: Fortschr. Therap. 1937 S. 225.
[51a] REINHARD: Kulturgeschichte der Nutzpflanzen, 2 Bände.
[52] GIDDINGS, G.: J. amer. med. Assoc. 1934 S. 525.

0,04 g Koffein in einem kalten Getränk erhalten hatten, indem er die Bewegungen während der Nacht elektrisch aufschrieb. Das Resultat dieser Untersuchungen sehen wir auf Abb. 2 gegenüber der gleichen Menge von Apfelsinensaft. Eine Beeinflussung bei diesen Kindern, die sicherlich empfindlicher sind, schon entsprechend dem geringeren Gewicht, ist also nicht vorhanden. Dagegen führte eine schwere Mahlzeit am Abend oder warmes Wetter zu einer deutlichen Störung des Schlafes. Weil geringere Dosierungen eben zu keinen Schlafstörungen führen, deshalb kann es immer wieder vorkommen, daß bei manchen Getränken ohne Vergleich des Inhalts an Koffein eine schlafstörende Wirkung nicht bemerkt wird, wie TSCHERNING[53] das vom Matetee behauptet. Daß das Gemeinsame aller dieser Getränke aber im Koffeingehalt zu suchen ist, hat schon LEHMANN[54] bewiesen, dessen angeblich gegen Tee sehr unempfindliche Versuchsperson die ersten Störungen bei 0,325 g Koffein zeigte. Bei vier Erwachsenen führten in Versuchen von COOPERMANN[55], mit ähnlich exakter Methodik wie bei GIDDINGS[52] untersucht, erst Dosen von 0,3 g ab zu vermehrter Unruhe. Bei dieser Unruhe muß auch noch die vermehrte Diurese berücksichtigt werden, die dann eintritt, wenn zugleich größere Flüssigkeitsmengen vorher zugeführt wurden. GINADER[56] gab 50 Patienten eine Stunde vor dem Schlafengehen Kaffee aus 20 g Kaffeebohnen

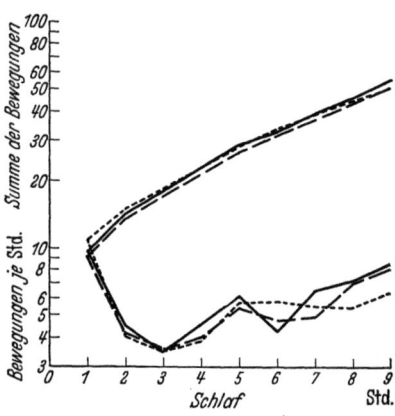

Abb. 2. Nach GIDDING (52). Wirkung des Trinkens von Orangeade und einem coffeinhaltigen Getränk auf die Bewegungen im Schlaf.
—— Bewegungen beim normalen Schlaf,
– – – Schlaf nach Orangeade,
········ Schlaf nach einem kalten Getränk mit 0,04 g Koffein.
Durchschnitt von 12 Kindern. Unterer Ast der Kurve: Zahl der Bewegungen/Std., oberer Teil: Addition der Bewegungen vom Beginn des Schlafes an.

---

[53] TSCHERNING, R.: Arch. Verdauungskrankh. Bd. 33 (1924) S. 332.
[54] LEHMANN, K. B. und H. WEIL: Arch. Hyg. Bd. 92 (1923) S. 85.
[55] COOPERMAN, W. R.: Amer. J. Physiol. Bd. 105 (1933) S. 24.
[56] GINADER, G.: Arch. Hyg. Bd. 106 (1931) S. 147.

= 0,2 g Koffein. Bei 19 Patienten ergaben sich überhaupt keine Änderungen des Schlafes. Bei 31 Fällen war eine Verzögerung von einer Viertel- bis zu einer halben Stunde merkbar, aber dieses nur bei Patienten, die Ideekaffee getrunken hatten. Wurde derselbe Kaffee ohne vorherige Behandlung nach dem LENDRICHschen Verfahren getrunken, dann gab es eine längere Verzögerung des Einschlafens bei diesen 31 Patienten. Wir werden diese Differenz in der Richtung buchen, daß es schwierig ist, aus den Angaben der Patienten ohne exakte Unterlagen wirkliche Beweise herzuleiten. Denn durch das Behandlungsverfahren wird ja der Koffeingehalt nicht beeinträchtigt und in ihm müssen wir den wesentlichen Faktor annehmen (s. später Kapitel Magen). Doch sehen wir an diesem größeren Beobachtungsmaterial vielleicht schon grob die verschiedene Empfindlichkeit der Menschen gegen Kaffee und Koffein. Die schlafstörende Wirkung soll sich mit einer Neigung zu Pulsbeschleunigung kombinieren[57]. Nach dem obigen Material von GINADER nun die Empfindlichkeit der Menschen gegen Koffein im allgemeinen abschätzen zu wollen und diese 50 Patienten als ein Maß für die Empfindlichkeit der Gesamtbevölkerung zu nehmen, wäre grundsätzlich falsch, weil es sich eben um Nichtgesunde handelt.

Ein merkwürdiges Phänomen ist die häufig vorkommende Beobachtung, daß Menschen auf Kaffeegenuß schnell einschlafen, wie ich schon wiederholt von Bekannten hörte. Bei Patienten mit kardialer Dyspnoe[58] bei denen durch die Besserung der Herzarbeit die Beschwerden gemindert werden, wäre das an sich noch nicht erstaunlich; aber auch bei Normalen tritt das ein und bei anderweit Kranken; so berichtet MAIER[27], daß unter seinen Versuchspersonen zwei waren, die nach 0,25 g Koffein einschliefen. Worauf das beruht, ob auf einer sedativen Wirkung auf den Hirnstamm[57] wo es auch die Neigung zum Erbrechen vermindern soll, ist völlig unklar. Bei einem Patienten von MAIER handelte es sich um Beseitigung einer depressiven Stimmung. Trotz dieser manchmal beobachtbaren Abweichung wird die Hauptlinie der Wirkung ohne weiteres feststehen, daß Koffein und koffeinhaltige Getränke durchaus geeignet sind, in geeigneter Dosierung Ermüdung und Schlaf zu

---

[57] DREIKURS, R.: Dtsch. Z. Nervenheilk. Bd. 107 (1928) S. 184.
[58] WINTERNITZ: Med. Klin. 1934 Nr. 38.

verscheuchen. Man wird aber L. R. MÜLLER[59] ohne Bedenken zustimmen, daß Koffein die erquickende Wirkung des Schlafes auf keinen Fall ersetzen kann (schließlich bei starker Ermüdung wahrscheinlich auch nicht hindern kann). Aber wer hat das auch erwartet? Wer die Nächte hindurch in Kaffeehäusern sitzend sich mit Kaffee mühsam wach hält, um im öden Einerlei ewig kreisender Gedankenabläufe die Zeit zu verbringen, der wird natürlich Schädigungen erwarten dürfen. Aber das gehört von vornherein in das pathologische Gebiet.

Die müdigkeits- und schlafverscheuchende Wirkung des Kaffees findet sich auch beim Schlaf, der durch Schlafmittel erzwungen wurde. Schon MAIER[27] führte zahlreiche Versuche in dieser Richtung aus und zeigte, daß die Wirkung von 0,75—1 g Chloralhydrat durch 0,25 g Koffein-Kaffee verhindert werden konnte. Durch die doppelte Menge konnte sogar der Schlaf von 3 g Chloralhydrat in gewissem Sinne durchbrochen werden.

In dieser Richtung liegen zahlreiche Tierversuche vor, z. B. bei der Paraldehydnarkose des Hundes[60] durch 0,028—0,036 g/kg Koffein, Avertin[61], Veronal an Mäusen[62] und an Ratten[63] bei Luminal[64], Bromiden[31], ja sogar bei der Galvanonarkose von Karpfen und Karauschen[65]. Trotzdem werden Kombinationen von Schlafmitteln und Koffein als besonders günstig empfohlen. Wenn kleinere Mengen von Schlafmitteln wirksamer werden sollten[66], dann werden wir bei Verabfolgung ganz kleiner Mengen von Koffein 0,05—0,1 g an unsere früheren Darstellungen denken. Wenn aber Koffein als Zusatz empfohlen wird zur Beseitigung toxischer Einwirkungen von Schlafmitteln[67], dann werden wir lieber emp-

---

[59] MÜLLER, L. R.: Med. Wschr. Bd. 39 (1935) Heft 16.
[60] JOACHIMOGLU und KLISSIUNIS: Arch. Hyg. Bd. 107 (1932) S. 177, die dort ausgesprochene Behauptung, daß bei Zusatz von Kaffeextrakt die Koffeinwirkung gesteigert wird, ist nicht bewiesen.
[61] BECK und LENDLE: Aepp. Bd. 167 (1932) S. 599, 0,1 g/kg Coff. Natr. Benz. intravenös evtl. wiederholt.
[62] STEINMETZER, K.: Aepp. Bd. 173 (1933) S. 580.
[63] TARTLER: Aepp. Bd. 143 (1929) S. 65, Heft 1/2 bis 25 mg/100 g Ratte.
[64] KREITMAIR: Aepp. Bd. 187 (1937) S. 607, ½ tödliche Dosis.
[65] ADLER, P.: Pflügers Arch. Bd. 230 (1932) S. 113, 1:5000 bis 1:20000 Koffein.
[66] DREIKURS, R. und O. SPERLING: Wien. med. Wschr. 1925 S. 2725.
[67] VON KUHLBERG, A. und W. RABINOWITSCH: Arch. Psychiatr. Bd. 89 (1929) S. 13.

fehlen, die Schlafmitteldosis herabzusetzen oder ein weniger toxisches Schlafmittel anzuwenden.

Am wichtigsten ist die Wirkung des Kaffees gerade im Gegensatz zu der Einwirkung des Alkohols. ,,In den Kaffeehäusern herrscht Stille und Anstand, Ernst, Beschäftigung mit Lesen und Nachdenken beim Spiel, in den Weinstuben Geräusch, lebhafte Rede und Ausbrüche heftiger Affekte [67a]." Ebenso wichtig ist der Antagonismus bei Verabfolgung beider Substanzen zugleich. Auch Versuche an Tieren bestätigen dasselbe [68]. SCHOEN [68a] konnte die Alkoholnarkose durch 10—25 mg Koffein für 25 Minuten unterbrechen. Bemerkenswert ist, daß die subkutane Injektion viermal weniger wirksam ist. Man darf aber diesen Antagonismus nicht etwa in einer vermehrten Ausscheidung durch die angeregte Diurese erwarten [69]. Es handelt sich um einen regelrechten, am Organ angreifenden Antagonismus. Nicht nur das Sensorium, sondern auch andere Funktionen werden beeinflußt. In den genauen Untersuchungen von STRONGIN und WINSOR [70] wurde die Unsicherheit der Hand und ebenso die Sekretion der Parotis durch 0,2 g Koffein der Alkoholwirkung entzogen. Vielleicht werden sogar die Nachwehen eines Narkotikums verbessert, wie wir vorher in der möglichen Hemmung der Brechneigung und außerdem aus Versuchen über die Erholung nach einer Inhalationsnarkose wissen [71].

In der heutigen Zeit des Kraftverkehrs wird die Möglichkeit bestehen, durch Trinken von Kaffee die Müdigkeit zu verscheuchen und die Sicherheit zu erhöhen, weshalb den Automobilisten empfohlen wird, koffeinhaltigen Kaffee im Tourengepäck mitzunehmen [72]. Und ebenso segensreich wird eine Tasse koffeinhaltigen Kaffees auf den Kraftfahrer wirken, der vorher etwas Alkohol genossen hat. In diesem Sinne wird man es deshalb fordern müssen, daß in den Gasthäusern ein anregendes koffeinhaltiges Getränk

---

[67a] TIEDEMANN: Zit. nach HEUPKE: Fortschr. Therap. 1935 S. 230.
[68] MACHT, D. I. und M. E. DAVIS: Amer. J. Physiol. Bd. 109 (1934) S. 67.
[68a] SCHOEN, R.: Aepp. Bd. 113 (1926) S. 275.
[69] FLEMING, R. und D. REYNOLD: J. Pharmacol. Bd. 54 (1935) S. 236. Verfolgung der Alkoholkurve im Blut nach 0,5 g Coff. Natr. benz.
[70] STRONGIN, E. J. und A. L. WINSOR: J. abnorm a. soc. Psychol. Bd. 30 (1935) S. 301.
[71] DAVIDSON, B. M.: J. Pharmacol. Bd. 26 (1925) S. 105, 0,5—0,7 g Coff. loquacitas, Verkürzung der Reaktionszeit.
[72] PANETH, L.: Allg. Automobil-Ztg. 1935 Nr. 29.

28 Zentralnervensystem.

leicht greifbar gekauft werden kann. So wird man den koffeinfreien Kaffee im Handel wohl entbehren können, nicht aber koffeinhaltigen. Denn diejenigen, die Koffein nicht vertragen, können leicht ein anderes Getränk zu sich nehmen, aber für diejenigen, die längere Zeit am Steuer eines Wagens sitzen, wird häufig ein koffeinhaltiges Getränk notwendig sein.

Tremor. An sich kann Koffein, trotz der günstigen Wirkung auf die nach Alkoholgenuß auftretende Unsicherheit[70] zu einem

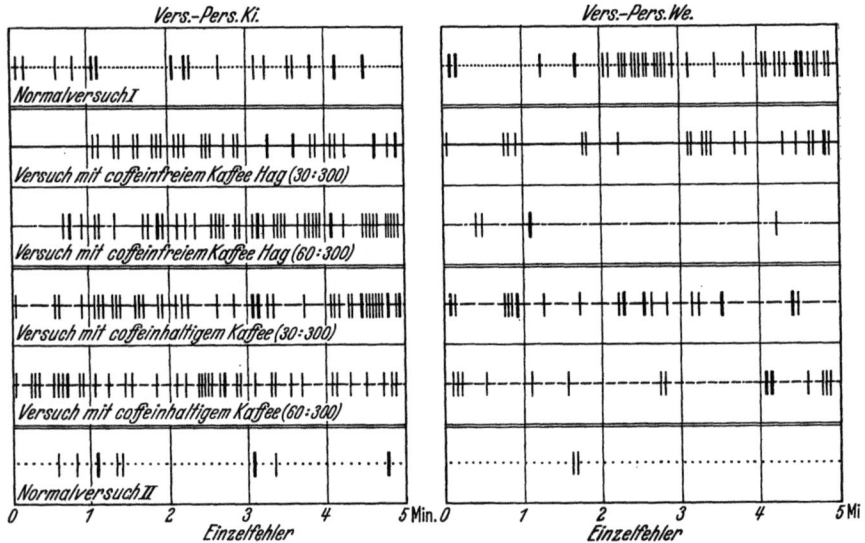

Abb. 3. Nach SCHULTE (50). Messung des Tremors.

Zittern der Hände führen. Das ist wohl das Symptom, das in gesteigerter Form sich als innere Unruhe oder als vermehrte Beweglichkeit beim Tiere zeigt. Das Auftreten des Tremors braucht die Versuchsperson selbst durchaus nicht immer zu bemerken, wie bei einigen Versuchspersonen von ALLERS[37] nach 0,3 g Koffein. Man mißt den Tremor etwa nach WHIPPLE dadurch, daß die Versuchsperson einen Stab in ein enges Loch zu halten hat. Falls die Wand des Lochs berührt wird, wird ein Stromkreis geschlossen und die Berührung so aufgezeichnet. Mit einem ähnlichen Apparat sind die Resultate von SCHULTE[50] gewonnen, von denen ich die Resultate zweier Versuchspersonen auf Abb. 3 wiedergebe. Auf der

Abbildung rechts sehen wir, daß Kaffee Hag stärkere Veränderungen veranlaßt, als selbst 0,6 g Koffein im Kaffee. Bei der zweiten Versuchsperson haben wir auch keine besondere Wirkung. Das sind zwei Versuche von im ganzen fünf angestellten Versuchen. Wie man dann nach diesen Resultaten auf die Idee kommen kann, daß Koffein einen Tremor hervorruft, ist mir nicht erfindlich. Allgemein kann man sagen, daß bei Verwendung so großer Kaffeemengen von 50—60 g, die im koffeinfreien Kaffee vorhandene Koffeinmenge eine günstige Wirkung auf das Zentralnervensystem haben kann, wie wir oben bei den Rechenversuchen erwähnten. Was wird daraus geschlossen? ,,Koffeinfreier Kaffee regt an." Wenn wir dieselbe Kaffeemenge mit unverändertem Koffeingehalt darreichen, können wir bei vielen Versuchspersonen schon in den Bereich der Gedankenflucht kommen, also: ,,Koffein regt auf". Durch Auswahl geeigneter Versuchspersonen kann man letzlich jedes gewünschte Resultat erhalten. Genau dasselbe gilt für die Untersuchungen von VOIGT[72a], der nach Kaffee mit 50 g Kaffeepulver eine schlechtere Leistung im Messen von Entfernungen von Flugzeugen feststellte. Schon der auftretende Tremor wird die Feineinstellung verhindern können. Denn solch einen Tremor gibt es, wie genauere Untersuchungen von HULL[46] dartun, der das Auftreten eines Tremors bei seinen ganzen Versuchen benutzt, um die Empfindlichkeit der Versuchspersonen gegen Koffein bzw. die eingetretene Koffeinwirkung selbst festzustellen. Bei seiner Dosierung von 0,325 Coff. citr. fand er die meiste Zunahme des Tremors bei den Personen, die an sich schon eine unruhige Hand hatten, auch ohne Koffeingenuß. Ich erinnere mich, daß ich in meiner Zeit als praktischer Arzt bei der Verschreibung von Kopfschmerzpulvern mit Koffein immer vorher die Empfindlichkeit gegen Koffein durch Ausstrecken der Zunge oder Ausstrecken der gespreizten Hand prüfte. Bei Personen, deren Hand nicht zitterte, konnte ich ruhig 0,1 g Koffein auch am Abend verordnen, ohne daß der Schlaf gestört wurde. Ebenso wie in den Versuchen von SCHULTE[50] war auch bei den Untersuchungen von HULL[46] manchmal eine Besserung des Tremors auf Koffein vorhanden. Er bestimmte die Steigerung im Durchschnitt mit 11%, wobei statistisch die Streuung mit dem Verhältnis für die Bedeutsamkeit von 50 : 1

[72a] VOIGT, G.: Dtsch. med. Wschr. 1936 S. 179.

überschritten war. In demselben Institut bei Versuchen an 20 Versuchspersonen mit derselben Dosis betrug die Zunahme nur 5,6 % [92], also war geringfügiger. Das Maximum der Wirkung trat vier Stunden nach der Koffeingabe ein. Bei der Zunahme des Tremors wird vorwiegend die Amplitude vergrößert, die Zahl der Ausschläge weniger. HORST und JENKINS[73] fanden den Beginn der Zunahme bei Frauen mit 2 mg/kg also etwa 0,15 g. Bei Männern mußte die Dosis auf 5 mg/kg gesteigert werden, um noch eine Wirkung dartun zu können.

Reaktionszeit. Wie diese bei höheren Dosierungen vorhandene Unsicherheit zustande kommt, ist unklar. Wir finden eine Erregbarkeitssteigerung, so daß z. B. die Chronaxie bei lokal auf die Großhirnrinde des Hundes appliziertem Koffein erniedrigt wird[74]. Aber die Geschwindigkeit des Überspringens der Erregung bei solchen Reflexprüfungen ist nicht durchweg gekürzt gefunden worden, sondern manchmal änderte sie sich nicht außerhalb der Fehlergrenze[75]. Die Ausschläge bei einfacher Reaktionszeit im Versuche von HORST[76] nach 3—4 mg/kg Koffein bei 21—25 Jahre alten Männern gingen um 2—6% zurück. Am nächsten Tage war manchmal eine Verlangsamung zu sehen. Diese Versuche leiden aber teilweise, wie CHENEY[77] ausführt, an unzureichender Berücksichtigung des Übungsfaktors. Soll die Streuung verkleinert werden, dann muß die Reaktion dermaßen eingeübt werden, daß keine Änderung der Reaktionsgeschwindigkeit von Tag zu Tag vorkommt. Wird das nicht beachtet, dann kommt es meist zu größeren Streuungen und die Schlüsse, die aus solchen Versuchen gezogen werden können, sind nur brauchbar bei einem beträchtlichen Versuchsmaterial. Eine regelrechte Verkürzung der Reaktionszeit findet CHENEY[77] bei 3—4 mg/kg mit wechselndem, bei 5 mg/kg bei Männern mit sicherem Erfolg. Weitere Versuche wurden an fünf ausgesuchten weiblichen Personen ausgeführt[78]. Diese Ver-

---

[73] HORST, K. und R. WILLIAM JENKINS: J. Pharmacol. Bd. 54 (1935) S. 147.
[74] RIZZOLO, A.: C. R. Soc. Biol. Paris Bd. 98 (1928) S. 670.
[75] SCHILLING, W.: Psychologic. Rev. Bd. 28 (1921) S. 72, 0,325 g Koffein. 20 Stunden. Auf Hören das Chronoskop sofort anhalten. Beträchtliche Streuungen in der Leistung überall. Wenig verwendbar.
[76] HORST, K. und W. L. JENKINS: J. Pharmacol. Bd. 51 (1934) S. 131.
[76a] HORST, K. und W. L. JENKINS: J. Pharmacol. Bd. 53 (1935) S. 385.
[77] CHENEY, R. H.: J. Pharmacol. Bd. 53 (1935) S. 304.
[78] CHENEY, R. H.: J. exper. Psychol. Bd. 19 (1936) S. 359.

suche wollen wir hier besonders erwähnen. Die Versuchsmethodik bestand darin, daß nach Aufleuchten von Lämpchen das zu gleicher Zeit in Bewegung gesetzte Chronoskop gestoppt werden mußte. Dadurch, daß die Lämpchen verschiedene Farben hatten, und nur in einer bestimmten Farbe ausgeschaltet werden sollten, also Aus-

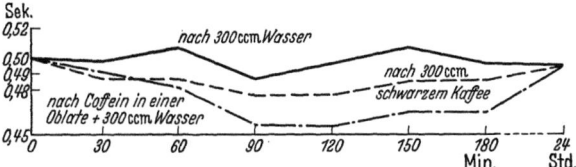

Abb. 4. Nach CHENEY (78). Wirkung von Koffein in Kaffee und Oblaten bei 5 normalen jungen Frauen von gleichem Alter und Gewicht. Dosierung 3,3—3,6 mg/kg Körpergewicht. Jeder Punkt ist der Durchschnitt aus 125 Versuchen.

wahlreaktionen notwendig waren, konnte die Zahl der Fehler beobachtet werden. Die Resultate sehen wir auf Abb. 4. Nach einer Gabe von 3,3—3,6 mg/kg Koffein nahm die Reaktionszeit im Verlauf von zwei Stunden bis zu einem Maximum von 8% bei Gaben von reinem Koffein, bis 4% bei Gaben in Kaffee zu, also

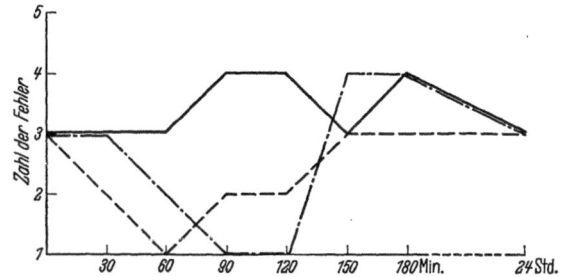

Abb. 5. Nach CHENEY (78). Zahl der Fehler bei den Versuchen des Bildes 4. Ordinate: Zahl der Fehler in 125 Versuchen. Abszisse: Zeit in Minuten.
——— nach 300 ccm Wasser.
– – – nach 300 ccm schwarzen Kaffees,
—·—·— nach Koffein in einer Oblate + 300 ccm Wasser.

die Kaffeewirkung war schwächer als die Wirkung von reinem Koffein. Jeder Kurvenpunkt ist das Resultat von 125 Versuchen. Noch deutlicher werden die Resultate, wenn man die durch die Auswahlreaktionen möglichen Fehler berücksichtigt, deren Abnahme wir in Abb. 5 demonstrieren. Hier ist bei der Voraussetzung einer gewissen Intelligenz nicht nur die Schnelligkeit größer, sondern auch die Zahl der Fehler geringer, ähnlich wie wir es früher bei den Rechenversuchen gesehen haben.

Ein ähnliches Phänomen sehen wir bei den älteren Versuchen von HOLLINGWORTH[79], der die Geschwindigkeit des Schreibmaschinenschreibens und die Zahl der Fehler, die korrigiert oder nicht korrigiert stehen blieben, beobachtete. Er verwandte Dosierungen bis 0,4 g Koffein an verschiedenen Tagen und zu verschiedensten Zeiten. Die Versuche erstreckten sich über den ganzen Tag. Dabei wurden günstige Resultate bis zu der Dosierung von 0,2 g erhalten, höhere Dosierungen wirkten wieder weniger, also es wurde ein Maximum überschritten, das sich besonders an der Zahl der Fehler zeigte und zwar auch dann, wenn der Versuch längere Zeit dauerte. Das war nicht deshalb so, weil die Koffeinwirkung erst nach einer Stunde begann, sondern weil die Ermüdung geringer war, also innerhalb der Zeit von sieben Stunden, die der Versuch dauerte, war die Ermüdungsfähigkeit durch Koffein verringert.

Bei bestimmten mehr rein motorischen Reaktionen untersuchten HORST und Mitarbeiter[80] zwei Arten von Übungen. Erstens eine reine Reaktion der Geschwindigkeit des Treffens von zwei Metallscheiben. Hier stieg die Zahl der Treffer nach 3—4 mg/kg, also 0,25—0,3 g Koffein in Form von Kaffee oder in Kapseln gegeben bei 14 Medizinstudenten um 8—12% an.

Bei einer zweiten Übung war eine besondere Geschicklichkeit notwendig. Mehrere Monate mußten die Versuchspersonen üben, bis sie es einigermaßen gelernt hatten. Die Art dieser Übung ist so kompliziert, daß ich sie aus der Beschreibung in der Literatur ohne Anschauung nicht wiedergeben kann. Wir wollen festhalten, daß dieser „motor skill", wie die Autoren es nennen, große Geschicklichkeit erfordert. In diesem Fall wurde die Leistung durch das Koffein in der obigen Dosierung verschlechtert. Hier scheint es sich um folgendes zu handeln. Ein Impuls verläuft bei Eintreffen in einer Ganglienzelle leichter in den Bahnen, die durch vorherige Übung gewissermaßen eingeübt sind. Diese Transmission wird durch Koffein erleichtert beim Ablauf gewohnter Gedanken im Zentralnervensystem, wie wir es vorher ohne Vorstellung irgendeines anatomischen Substrates beim Ablauf der Gedanken dar-

---

[79] HOLLINGWORTH: Psychologic. Rev. Bd. 19 (1912) S. 66.
[80] HORST, K., W. D. ROBINSON, W. L. JENKINS und DJI LIH BAO; J. Pharmacol. Bd. 52 (1934) S. 307.

gestellt haben. Das geschieht bei kleinen Dosierungen dort (KRAEPELIN) und bei den einfachen Übungen hier. Durch größere Dosierungen wird im Verstande die Möglichkeit des Gehens neuer Bahnen erleichtert. Bei den einfachen Geschicklichkeitsübungen, bei denen der Verstand nicht gebraucht wird, werden die Verhältnisse genau so liegen. Dann dürften aber die Störungen gleichmäßig bei beiden Übungen und bei gleicher Dosierung stattfinden. Hier tritt ein Phänomen aus der Nervenphysiologie ein. Durch von anderer Seite einstrahlende Impulse wird eine Lockerung erzielt, wird die Möglichkeit des Einschlagens neuer Wege erleichtert. Durch die Erleichterung wird aber eine Abweichung von der durch die lange Übung optimalen Koordination verursacht und die Ausführung beeinträchtigt. Das geschieht dann am meisten, je größer die Einwirkungsmöglichkeit ist, also je länger die Wege sind. Schwierige Übungen, die einen langwierigen Ablauf von Koordinationen und viele Umschaltungen verlangen, werden also leichter in dem obigen Sinne gestört werden können. Die eingreifenden Impulse kommen aber vom Großhirn her. Nach SCHOPENHAUER ausgedrückt, etwa: ,,das Durchgehen einer zusammenwirkenden Tätigkeit durch die Reflexionen macht sie unsicher, indem sie die Aufmerksamkeit teilt und den Menschen verwirrt". SCHOPENHAUER führt hier das Fechten oder Billardspielen an. Wir müssen aber gleich hinzusetzen, daß diese Betrachtungen nur Gültigkeit besitzen, wenn keine Ermüdung vorliegt. Bei Ermüdung wird auch Fechten durch koffeinhaltige Getränke verbessert und sicherer. Aus dieser kurzen Darstellung und den Versuchen können wir schließen, daß die Empfindlichkeit dieser koordinativen Zentren gegen Koffein geringer ist als das Großhirn.

Reflexe. Aber das Überspringen der Erregung durch die Bahnen wurde auch hier erleichtert und diese Erleichterung wurde festgestellt bei der Prüfung, in wieweit bestimmte reflextorische Reaktionen beeinflußt werden. Daß die Reflexe bei der lokalen Applikation von 2 proz., also sehr konzentrierter Lösung, auf das Rückenmark nach einer kurzen Verringerung rasch erhöht werden[81] oder gar nicht verändert werden bei dem Übergang von Erregung in Lähmung[82], ist verständlich. Die motorische Chronaxie ist ver-

---

[81] RIZZOLO, A.: Biol. Bull. Mar. biol. Labor. Wood's Hole Bd. 56 (1929) S. 379. Nur an der dorsalen Seite beim Fisch Galenus canis.

[82] HINRICHS, M. A.: J. exper. Zool. Bd. 40 (1924) S. 271, an Planarien.

kürzt und zwar besonders dann, wenn das Rückenmark nicht mehr unter dem Einfluß des Thalamus steht[83, 83a]. Die Summationszeit wird stark verkürzt[84] mit baldigem Übergang in Lähmung bei großen Dosen. Am Warmblüter wurden die Körperstellreflexe von SCHOEN[85] beobachtet und auch bei großen Dosierungen gelähmt gefunden. Kurz vor dem Krampf hörten die Reflexe vom Labyrinth auf. Die Empfindlichkeit ist ungefähr dieselbe wie beim Menschen. Bei den Versuchen von SCHOEN verlief die Vergiftung auch nach der Entfernung des Großhirns oder Thalamus nicht anders. Die Steigerung des homolateralen Beugereflexes wurde erreicht durch 50 mg/kg subcutan[86], ebenso der akustische Reflex bei der Taube (reflektorisches Kopfsenken der Taube nach akustischer Reizung des freigelegten Labyrinths mittels Pfeife[86a]). Solche hohen Dosierungen von 50—60 mg/kg führen natürlich auch bei Ratten im Irrgarten zu schlechteren Leistungen[87], zugleich mit Depression, mit neuromuskulärer Inkoordination usw.[88]

Bedingte Reflexe. Die letzte Art der Bewegung kann man wohl unter die Gruppe der bedingten Reflexe rechnen, und da gibt es eine etwas andere Versuchsanordnung von MILLER und MILES[89], bei der die Ratten nach Hungern plötzlich auf die Bahn zum Futter gesetzt wurden. 25 mg/kg Koffein führten zur Beschleunigung des bedingten Reflexes und selbst 18 Stunden nach der Koffeingabe war durchaus keine reaktive Lähmung nachweisbar. Ein besonderes Resultat dieser Untersuchungen führt uns weiter zu den Beobachtungen und Vorstellungen von PAWLOW. Wenn die Tiere nach

---

[83] LAPICQUE, M. und F. VAHL: C. R. Soc. Biol. Paris Bd. 108 (1931) S. 1136. Frösche 0,2 g/kg Koffein.
[83a] MITOLO, M.: Arch. Fisiol. 25, Suppl. 1927, S. 667, bei Bufo wurde der sensible Teil mehr erregt.
[84] VAHL, F.: C. R. Soc. Biol. Paris Bd. 109 (1932) S. 277, 0,1—0,3 g/kg Frosch R. temporaria ist empfindlicher, 0,1 g/kg führt schon zur Lähmung.
[85] SCHOEN, R.: Aepp. Bd. 113 (1926) S. 246, Kaninchen.
[86] VAN LEEUWEN, STORM: Pflügers Arch. Bd. 154 (1914) S. 338, dekapitierte Katze.
[86a] DE MARCO: Arch. Fisiol. Bd. 32 (1933) S. 405 u. 414; Boll. Soc. Biol. sper. Bd. 6 (1931) S. 902.
[87] MACHT, BLOOM und GIU CHING TING: Amer. J. Physiol. Bd. 56 (1921) S. 264.
[88] MACHT und BLOOM: Proc. Soc. exper. Biol. a. Med. Bd. 18 (1921) S. 99.
[89] MILLER, E. N. und W. R. MILES: J. comp. Psychol. Bd. 20 (1935) S. 397.

wiederholtem Laufen am Ende der Bahn kein Futter vorfinden, laufen sie ohne Koffein jedesmal langsamer. Das nannte PAWLOW die Extinktion. Unter Koffein in der angegebenen Dosierung trat diese Erscheinung nicht auf, d. h. also, die rein reflektorische Beeinflussung war stärker, die Bahnung war bedeutender als das Neulernen durch Enttäuschung. So könnte man sich das vorstellen. Nach 24 Stunden war die Reaktion aber dieselbe wie vorher. Eine Begünstigung der bedingten Reflexe wurde sogar beim Hunde gefunden, dessen Großhirnrinde Störungen aufwies und zwar hier schon durch 2 mg/kg, meist aber mit 25 mg/kg[90], während beim normalen Hunde von LINDBERG[91] bedingte Speichelreflexe nach Koffein besonders in der Intensität der Speichelsekretion verstärkt waren bei kleineren Dosen.

Am Menschen kann man auch bedingte Reaktionen erzeugen und ihr Entstehen wurde durch SWITZER[92, 93] verfolgt. Wird ein galvanischer Reiz an der Haut gesetzt, dann entsteht eine Gefäßreaktion im Sinne einer Rötung. Wird der Reiz kombiniert mit dem Aufleuchten einer Lampe, dann kommt schließlich die Reaktion auch schon vorher durch das Licht allein zustande, das nennt man Antizipation. Die Zeit vom Beginn des induzierenden Reizes bis zum Auftreten einer Reaktion, die Latenz wird nach PAWLOW als eine Hemmung aufgefaßt. Diese Hemmung wurde durch Koffein verringert und zwar um 16%. Damit noch eine Verringerung dieser Hemmung erreicht wird — Versuche an 20 Personen — sind 0,325 g Coff. citr. ≙ 0,22 g Koffeinbase notwendig. Im Vergleich zu den Untersuchungen von EVANS[94] an Hunden, sind dieselben Dosierungen notwendig, auf das Gewicht berechnet, wie beim Menschen. Beim Vergleich zwischen der Koffeinwirkung auf die bedingten Reflexe und der Stärke des gleichfalls gemessenen Handtremors ergab sich ein Korrelationskoeffizient von $+0{,}54$ bei 20 Personen, also eine mittlere Größe und eine deutliche Beziehung. Neben der Antizipation kam es bei den Versuchen von SWITZER zu einer um 50% stärkeren Hautreaktion. Ebenso wie

---

[90] PETROWA: zit. nach Rona Bd. 88 (1934) S. 112.
[91] LINDBERG, A.: zit. nach Rona Bd. 86 (1935) S. 627, bei Steigerung der Dosierung gibt es auch hier eine Lähmung.
[92] SWITZER, C. A.: J. comp. Psychol. Bd. 19 (1936) S. 155.
[93] SWITZER, C. A.: J. gener. Psychol. Bd 12 (1935) S. 78.
[94] EVANS: Recend advances in physiology, 4. Aufl. Baltimore 1930, zit. nach Anm. 92, brauchte 0,05 g Koffein per os pro Hund.

in den Versuchen an Ratten ließen sich die bedingten Reflexe unter Koffein auch schwerer löschen.

Es ist unmöglich, die einzelnen Abhängigkeiten im Zentralnervensystem unter gemeinsamen Gesichtspunkten anzusehen. Wenn man im gesamten Zentralnervensystem zwei Vorgänge unterscheidet, von denen der eine dynamische, der andere mehr statische Eigenschaften hat, dann würden wir dem Koffein eine Einwirkung auf die dynamischen Vorgänge zuschreiben können. Unter die dynamischen Eigenschaften rechne man die geschwinde verlaufenden Verbindungen, die hinüber und herüber geschlagen werden, während die statischen Eigenschaften das Aufbewahren von Elementen des Bewußtseins im Machschen Sinne (Analyse der Empfindungen) bedeuten. Wir werden ein Korrelat für die Gedächtnisinhalte im Zentralnervensystem in langsam verlaufenden Nachreaktionen auf einen sensorischen Eindruck hin sehen können. Für eine solche nachträglich verlaufende Reaktion in lebenden Zellen habe ich gelegentlich den Ausdruck Hysteresis gebraucht. Diese langsam verlaufenden Reaktionen werden, so könnte man nach unseren Darstellungen annehmen, nicht beeinflußt, wohl aber die schnell verlaufende Reaktion der Assoziationen, ebenso wie das Lernen eines bedingten Reflexes beschleunigt wird, wenn wir Beispiele aus unseren rein psychologischen Betrachtungen allgemeiner gebrauchen können. Der Befund, daß Cholinesterase durch Koffein gehemmt wird [94a] wäre — so könnte man denken — ein neues Argument für die Wirksamkeit des Koffeins in dieser Richtung. Dieser Schluß ist aber oberflächlich, weil er die Verknüpfungen der einzelnen Ganglienzellen des Systems untereinander im Sinne einer Arbeit ganzer Komplexe ohne weiteres vernachlässigt. In dieser Vorstellung liegt keine Auswahl, deshalb lehne ich ausdrücklich diese Beweisführung meiner Ableitung ab, und werde meine Ausführungen nur als einen Versuch zum subsummierenden Begreifen ansehen.

[94a] Bernheim, F. und M. L. C.: J. Pharmacol. Bd. 57 (1936) S. 427. Wie wir später sehen werden, wurde bei anderen Organen keine Lähmung des Fermentes durch Koffein gefunden, dagegen eine Sensibilisierung des Organs für Azetylcholin. Andere Substanzen wie Fluorid oder Physostigmin haben eine ganz andere Wirkung wie Koffein makroskopisch gesehen. 0,001 Mol. Koffein verzögert die Zeit der Hydrolyse um 100%. Zu derselben Wirkung sind notwendig Alkohol 2,1 Mol. Physostigmin 0,000007, Morphin 0,00008 Mol. Lösung.

Nachdem wir hier am Ende unserer Betrachtungen über das Zentralnervensystem angelangt sind, wäre zu erwägen, ob man an dieser Stelle die Dosierungen festlegen könnte, die geeignet sind, unangenehme Sensationen, d. h. Unlustgefühle, hervorzurufen. Hier liegt ein wesentlicher Unterschied zwischen koffeinhaltigen und alkoholischen Getränken. Während bei letzteren die Hemmungen beseitigt werden und evtl. unangenehme Sensationen durch die narkotische Wirkung nicht zur Geltung kommen können, wird hier durch das Auftreten von Unlustgefühlen eine Überdosierung leichter vermieden. Auf die einzelnen Sensationen einzugehen, will ich an dieser Stelle verzichten und nur allgemein feststellen, daß nach Dosen von 0,1 g Koffein wohl kaum jemand Unangenehmes merken wird, nach 0,2—0,3 g werden bei einer Anzahl von Menschen Erscheinungen beginnen, aber Dosierungen bis 1 g wurden von anderen ohne unangenehme Symptome vertragen. Also die Empfindlichkeit schwankt in weitem Maße. Dabei haben wir schon einmal darauf hingewiesen, daß die in diesen Versuchen übliche Art der Zufuhr in einer Dosierung durchaus nicht mit der tatsächlichen Kaffeezufuhr als Genußmittel zu vergleichen ist, sondern immer nur zu Ungunsten des Kaffees gerechnet wurde. Wenn wir die Einwirkung auf den Ermüdeten rechnen, dann werden wir zu gleicher absoluter Wirkung größere Dosierungen brauchen.

Muskel und Arbeit.

Isolierter Muskel. Bei unserer bisherigen Darstellung der Wirkung des Kaffees und Koffeins auf das Zentralnervensystem haben wir vielfach schon motorische Funktionen in Betracht gezogen. Bei diesen motorischen Funktionen spielte aber Ausdauer und Kraft des Muskels gar keine Rolle, und nur die Koordinationen, also der Verlauf im Zentralnervensystem selbst, haben Beachtung gefunden. Jetzt kommen wir zu der Koffeinwirkung an den peripheren Organen, wo ganz große Konzentrationen notwendig sind, und zwar so hohe, daß sie nur an isolierten Organen gezeigt werden können, da das ganze Tier vorher an sonstiger Giftwirkung zugrunde gehen würde. Die Leitfähigkeit des N. ischiadicus wird selbst bei 1 proz. Koffeinlösung innerhalb einer Stunde nicht gehemmt beim Frosch [95a, 95b], während die Anaesthesie durch Kokain

---

[95a] LAUBENDER, W.: Aepp. Bd. 137 (1928) S. 25.
[95b] LIPSCHITZ, W. und WEINGARTEN: Aepp. Bd. 137 (1928) S. 1.

verbessert wird. Bei längerer Einwirkung dieser Konzentrationen soll aber schon eine totale Blockade möglich sein [96]. Die Chronaxie der Nerven wird in 0,5proz. Lösung verkürzt, ja sogar ein antagonistischer Einfluß gegen Alkohol konnte festgestellt werden [97]. Die Chronaxie des Muskels selbst wird verkürzt, wobei nach LAPICQUE [98] die Muskeln, die schneller reagieren, auch empfindlicher gegen Koffein sind. Die Verkürzung der Chronaxie geht mit einer Neigung zu Wasseraufnahme einher, während höhere Konzentrationen (0,1%) eine Entquellung verursachen, zugleich mit abnehmender Chronaxie [96, 99, 100]. Auch beim glatten Muskel wird sie durch hohe Konzentrationen von 0,2% vermehrt [101]. Unsere besondere Beachtung verdient der Befund von LAPICQUE [98], daß die Verringerung der Chronaxie bei der Reizung vom Nerven aus viel kleiner ist als vom Muskel selbst, also nicht der Nerv, sondern der Muskel selbst ist empfindlicher. Hier erhalten wir einen Anschluß an unsere später zu besprechenden Versuche am ganzen Tier und zugleich zu anderen neuen Vorstellungen über die Nervenübertragung. Denn durch Koffein soll der M. rectus abdominis des Frosches gegen Azetylcholin empfindlicher werden [102], zweitens wird die Überleitung in den Nervenendplatten [103] und die Fortleitung im Muskel beschleunigt [104].

Es scheint so, als ob durch Koffein die Reaktionskonstante einer autokatalytischen Reaktion vermehrt wird. Nach den Analysen von HARTREE und HILL [105] kommt es nach kurzem Eintauchen von Froschmuskeln in 0,05proz. Koffeinlösung zu einer Wärmeentwicklung, die auch in Stickstoff verläuft, aber in Sauerstoff fünfmal so

---

[96] MITOLO, M.: zit. nach Rona Bd. 47 (1928) S. 411.
[97] FLAMM, S.: Aepp. Bd. 143 (1929) S. 79.
[97a] Siehe auch HANDOWSKI und ZACHARIAS: Aepp. Bd. 100 (1924) S.288.
[98] LAPICQUE, M. und F. VAHL: C. R. Soc. Biol. Paris Bd. 107 (1931) S. 481. 5:100000 Koffein verkürzt schon die Chronaxie auf die Hälfte bis 1:10000 in 5—10 Minuten, auch am Herzen.
[99] MASCHERPA, P.: Arch. Intern. Pharmacodyn Bd. 43 (1932) S. 304.
[100] MOURA, C. F. und D. D. OLIVEIRA: Rona Bd. 74 (1933) S. 372, Frosch, starke Kaffeinfusion, keine Änderung der Chronaxie gefunden.
[101] FLORKIN: C. R. Soc. Biol. Paris Bd. 98 (1928) S. 872.
[102] BACQ und FREDERICQ: J. Physiol. Bd. 90 (1937) P. 11.
[103] WALTER: J. Physiol. Bd. 76 (1932) S. 116.
[103a] ADRIAN: J. Physiol. Bd. 44 (1912) S. 68.
[104] WIESER: Z. Biol. Bd. 65 (1915) S. 449.
[105] HARTREE, W. und A. V. HILL: J. Physiol. Bd. 58 (1924) S. 441.

Isolierter Muskel.

groß ist, ein Vorgang der in den wesentlichen Punkten mit einer dauernden Reizung übereinstimmt. Dabei nimmt die Entwicklung der Spannung beträchtlich zu in Übereinstimmung mit dem Sauerstoffverbrauch[106]. Diese spontan verlaufenden Stoffwechselvorgänge vermehren die Entropie ohne äußere Arbeit. Aber wenn dem Muskel die Gelegenheit zur äußeren Arbeit gegeben wird, dann kommt es nach den wichtigen Untersuchungen von SASLOW[106] nicht zu verzögerter Wärmebildung. Also der spontan ablaufende Grundprozeß kann zur Restitution verwandt werden (keine Hemmung der Restitution).

Das System im Muskel kommt in einen labileren Zustand, so daß kleinere Änderungen schon zu einer Energieentladung führen. Diese Energieentladung führt dann beim Froschmuskel zu einer Starre des Muskels, die mit einer Wasseraufnahme, Elastizitätsabnahme[107] und Härtezunahme[108] einhergeht. Die von SCHÜLLER, ZIPF und LABES[109] untersuchte Hemmung der Starre durch Natr. salicylat, Natr. benz., Antipyrin[110], Novocain[111] erwähne ich nur deshalb hier, weil daraus anscheinend der Trugschluß abgeleitet wurde, daß diese Doppelsalze auch im Gesamtorganismus eine Koffeinwirkung vermissen lassen (s. u.).

Die bei der Koffeinstarre entstehende Abnahme von Lactacidogen[112] und die entsprechende Zunahme der Milchsäure[113, 114] die auf einer mangelhaften Restitution beruhen soll[115] und bei Konzentrationen von 1:8000 Koffein nur mit Hilfe einer regel-

---

[106] SASLOW, G.: Amer. J. Physiol. Bd. 119 (1937) S. 396.
[106a] SASLOW, G.: J. Cellul. comp. Physiol. Bd. 8 (1936) S. 89 u. 387, 0,02—0,045%.
[107] SCHLEIER, S.: Pflügers Arch. Bd. 197 (1923) S. 543.
[108] KLOTZ, L.: Z. exper. Med. Bd. 48 (1926) S. 612.
[109a] SCHÜLLER: Arch. Bd. 105 (1925) S. 224 u. 299.
[109b] ZIPF: Aepp. Bd. 149 (1930) S. 94; Hoppe-Seylers Z. Bd. 187 (1930) S. 214.
[110] QUINTERN: Diss. Königsberg (1935).
[111] SHINAGAWA, M.: zit. nach Rona Bd. 40 (1926) S. 213.
[112] RIESSER: Hoppe-Seylers Z. Bd. 130 (1923) S. 176.
[112a] STAMM, W.: Aepp. Bd. 111 (1926) S. 133, im Gehirnbrei wird die Abspaltung von anorganischem Phosphat durch Koffein 0,1% um 5% gehemmt. Hier ferner einige Doktorarbeiten aus Münster.
[113] IKEDA, T.: zit. nach Rona Bd. 16 (1921) S. 206.
[114] BÜTTNER: Hoppe-Seylers Z. Bd. 161 (1926) S. 282.
[115] RIESSER und NEUSCHLOSS: Aepp. Bd. 93 (1922) S. 163.

mäßigen Reizung des Muskels auftritt, sollte eine Säurekontraktur sein[115]. Entsprechend wurde von MEYERHOF[116] bei fettgefütterten Ratten auf Koffein eine geringere Milchsäurebildung und entsprechend eine geringere Spannungsentwicklung gefunden. Diese ganzen Vorstellungen sind durch die Entdeckungen von LUNDSGARD beim jodessigsäurevergifteten Muskel und durch die Auffindung des Phosphagens durch EGGLETON bzw. FISKE zusammengebrochen. Im Gegenteil wurde in den Versuchen von DAVID[117] mit jodessigsäurevergifteten Muskeln, die ja keine Milchsäurebildung haben, gezeigt, daß auf Koffein eine Kontraktur genau so zustande kommt, daß sogar die Spannungsentwicklung in diesem Fall um 50% höher ist als ohne Jodessigsäure. Die Milchsäurebildung würde also in Wirklichkeit die Spannungsentwicklung hemmen und nicht veranlassen. Auch am glatten Muskel (Magen der Schildkröte) kommt es bei 0,05—0,4% Koffein nicht zur Mehrbildung von Milchsäure, sondern eher zu einer Hemmung, obwohl letzten Endes in Stickstoffatmosphäre dasselbe Maximum erreicht wird, also nur die Reaktionsgeschwindigkeit beeinflußt wird (positive Katalyse). Entsprechend wird eine Vermehrung des Sauerstoffverbrauchs hier nicht beobachtet, ebensowenig wie eine Hemmung der Restitutionsphase. Im Gegenteil wird die Milchsäurebildung nach Arsenik durch Koffein gehemmt, also im ganzen ein anderer Verlauf mit gar keinen Beziehungen zu der Milchsäurebildung[118]. Die im Muskel vorkommende Milchsäurebildung ist nur ein zwangsmäßig ablaufender sekundärer Prozeß. Koffein selbst muß an einem Stadium näher an der Kontraktionsphase selbst angreifen. Es werden Hemmungen zur Entladung dieses primären Kondensators — nur als Analogie gemeint — beseitigt. Bei Beseitigungen solcher inneren Hemmungen ist es verständlich, wenn die Kontraktilität der Muskeln und ihrer Arbeitsfähigkeit durch Koffein begünstigt wird[119]. Bei Verwendung von 0,1proz. Lösungen wird

---

[116] MEYERHOF: Klin. Wschr. Bd. 3 (1924) S. 392, 0,15% Koffein.
[117] DAVID. F.: Pflügers Arch. Bd. 233 (1933) S. 222.
[118] EVANS, C. L.: Biochemic. J. Bd. 20 (1926) S. 893.
[119] MÜLLER: Aepp. Bd. 181 (1936) S. 241, anscheinend ist es dabei nicht notwendig, daß die Chronaxie vermindert wird.
[119a] FREY: Aepp. Bd. 98 (1923) S. 21, antagonistisch beeinflußt durch Zusatz von $CaCl_2$.
[119b] RIESSER: Aepp. Bd. 120 (1927) S.282, auch die glatten Muskeln von Oktopoden u. Schnecken zucken besser. Keine Kontraktur.

natürlich nach der Reizung eine rasche Unerregbarkeit bei den weißen Muskeln, oder bei den roten Muskeln eine Kontraktur auftreten[120]. Die Erscheinungen wurden quantitativ verfolgt von CHENEY[121] bei R. pipiens und eine optimale Dosierung von 0,1 g/kg festgestellt[122].

Muskel im Verbande des Organismus. Bei Übertragung dieser Versuche am isolierten Muskel auf den Menschen ergeben sich nicht mehr eindeutige Ergebnisse. Das finden wir klar und deutlich in den früheren Versuchen von KRAEPELIN und HOCH[123] am Ergographen diskutiert. Hier fangen bei manchen Versuchspersonen die Resultate schon bei 0,1 g Coffein an, bei manchen trat die günstige Wirkung erst bei höherer Dosierung ein, die Leistungen stiegen um 10—20%. Auch KRAEPELIN fand schon eine lang anhaltende Nachwirkung. Er legte in dieser Arbeit dar, daß zu der Arbeitsleistung nicht nur die Aktionsfähigkeit des Muskels gehört, sondern auch der Impuls des Zentralnervensystems. Die Abnahme der Hubhöhe bezieht er auf eine Verminderung der Muskelaktivität, die zentrale Wirkung bei der Ermüdung des Muskels will er auf eine Zunahme von inneren Hemmungen, Reflexhemmungen, zurückführen, nicht etwa auf Abnahme des Willens an sich, was ja durchaus verständlich ist. Er vergleicht es mit der Hemmung für die Bewegung des Gliedes, wenn durch die Bewegungen etwa Schmerzen entstehen würden. Die Wirkung des Koffeins könnte dann auf zwei Wegen zustande kommen. Erstens indem diese

---

[120] ISHIKAWA, V.: zit. nach Rona Bd. 21 (1922) S. 365.
[121] CHENEY, R.: Proc. Soc. exper. Biol. a. Med. Bd. 30 (1932) S. 3, nur ohne Phosphat in der Injektionslösung.
[121a] CHENEY, R.: J. Pharmacol. Bd. 43 (1931) S. 457; Rona Bd. 70 S. 206.
[121b] CHENEY, R.: Arch. Intern. Pharmacodyn. Bd. 42 (1932) S. 173, nach Koffein ist der Kamm der Ermüdungskurve glatter, das wird auf eine bessere Koordination zurückgeführt, durch bessere Überleitung auf Koffein.
[121c] SASLOW und WEBSTER: J. Pharmacol. Bd. 53 (1935) S. 142, bei 0,003—0,06% Koffein, nicht bestätigt bei R. pipiens und R. palustris. Das ist bedingt durch mangelhafte Sauerstoffversorgung bei dem dicken M. gastrocnemius, wie später von denselben Autoren (Anmerkung 106) beobachtet wurde. Also die Restitution wird durch Koffein nicht gehemmt.
[122] SCARBOROUGH, E. M.: J. Pharmacol. Bd. 17 (1921) S. 129, 0,05 proz. Lösung.
[123] KRAEPELIN und HOCH: KRAEPELINS psychologische Arbeiten, Bd. 1 (1896) S. 378, daselbst auch Angabe und Besprechung der gesamten älteren Literatur.

Hemmungen beseitigt werden, zweitens indem der Muskel in einen besseren Zustand kommt und auf diese Weise dem Zentralnervensystem keine Stoppsignale zu geben braucht. Aus seinen Versuchen vermag er die Wichtigkeit dieser beiden Faktoren beim Zustandekommen des Gesamteffektes nicht abzuschätzen.

Auf einen Faktor hat KRAEPELIN immer wieder hingewiesen, nämlich die suggestive Beeinflussung. Diese Beeinflussung kann weitreichend sein, wie darin gezeigt werden konnte, daß Personen, denen man sagte, sie müßten eine schwere Arbeit leisten, sehr viel früher ermüdeten, als wenn man ihnen sagte, daß die ihnen bevorstehende Arbeit leicht sei, während in Wirklichkeit die Arbeit in beiden Fällen gleich war[124]. Während KRAEPELIN ableitete, daß die Einwirkung auf das Zentralnervensystem eine Verlängerung der Hübe am Ergographen verursacht, dagegen die Vergrößerung der Hubhöhen auf eine Beeinflussung des Muskels selbst zurückzuführen sei, kommen RIVERS und WEBBER[125] zu der entgegengesetzten Anschauung. Im allgemeinen bestätigen sie aber die Befunde von KRAEPELIN über die Arbeitsfähigkeit nach Dosen von 0,3 und 0,5 g Koffein. Das Neue, was wir aus ihrer Arbeit ersehen können, ist die Bemerkung, daß nach einem Training die Beeinflussung zwar vorhanden, aber nicht so deutlich ist, wie bei der nichttrainierten Hand. Die Dosierungen von HYDE und Mitarbeitern[126] an zwei Versuchspersonen zeigen die deutliche Wirkung schon von 0,1 g Koffein an mit einem Optimum bei 0,15 g, was nur für diese zwei Versuchspersonen ihre Gültigkeit hat. Weiter bemerkten sie, daß die Erholung durch Koffeingabe in Kapseln nach primärer Arbeit bedeutend erleichtert würde.

Hier in Beseitigung der Ermüdung finden wir einen sehr wichtigen Ansatzpunkt für das Verständnis der ganzen Verhältnisse in den Untersuchungen von FISHER[127] auch am Armergographen. In diesen Untersuchungen wurde festgestellt, daß während der fortschreitenden Ermüdung die Ökonomie des Muskels abnimmt. Beseitigung oder Hemmung einer Ermüdung würde also die Ökonomie verbessern. Das wurde in ausgedehnten und ernsthaften

---

[124] SCHATTENSTEIN: zit. nach Rona Bd. 103 (1936) S. 456.
[125] RIVERS, W. H. R. und H. N. WEBBER: J. Physiol. Bd. 36 (1908) S. 33.
[126] HYDE, I. H., C. B. ROOT und W. CURL: Amer. J. Physiol. Bd. 43 (1917) S. 371.
[127] FISHER, I.: Arb. physiol. Bd. 4 (1931) S. 109.

Untersuchungen von SCHIRLITZ[128] am Fahrradergometer auch gefunden. Das Koffein wurde in Kapseln, in Kaffee und durch Injektionen zugeführt in der Menge von 0,075 und 0,1 g Koffein. Die Dauer der Arbeitsleistung stieg um 12%, die Ökonomie der Arbeitsleistung — gemessen am Sauerstoffverbrauch durch Gasanalyse — stieg um 4%. Da die Versuche sehr zahlreich waren, kann man aus der Gegenüberstellung sagen, daß die Verbesserung der Ökonomie die Stärke des Gesamteffektes allein nicht erklären kann. Zur Ergänzung ist die Feststellung wichtig, daß die Verbesserung der Ökonomie nicht zurückzuführen sei auf eine Erleichterung der Koordinationen. Wir sehen, daß die vielfach angenommenen Behauptungen, das Koffein zwinge durch Verscheuchung des Ermüdungsgefühls den Körper dazu, gewissermaßen seine letzten Reserven herzugeben, nicht stimmen, wie das etwa in Ergometerversuchen beim Alkohol in geringer Dosierung festgestellt wurde. Bei dieser Formulierung und diesem Vergleich wird die Frage der Ökonomie jeder Art vergessen, ein Faktum, das ebenso bei der Herzarbeit gefunden wurde.

Sport. Wenn wir diese hier dargestellten, im Laboratorium gefundenen Resultate auf die Verhältnisse des Sportplatzes übertragen wollen, dann finden wir viel größere Schwierigkeiten der Beurteilung, selbst wenn man sportliche Leistungen als Test zugrunde legt. Über die zahlreichen Momente, die eine Rolle bei dem Zustandekommen der sportlichen Leistungen spielen, hat mit guter Fachkenntnis HERXHEIMER[129] gesprochen. Es ist eine Änderung des Wetters, die Laune und Trainingszustand des Sportmanns, das Wettkampfmoment, der Zustand der Aschenbahn, schließlich die Art der Übung zu berücksichtigen. Da bei manchen Übungen mehr geistige Leistung erforderlich ist als bei anderen, hält er es für möglich, daß z. B. bei Rasenspielen günstige Einwirkungen zu erwarten sind. Er gab bei seinen Versuchen 0,25 g Coff. natr. benz. = 0,125 g Koffeinbase in Kapseln per os und fand keine eindeutige Leistungssteigerung zugunsten des Koffeins. In diesen Versuchen wird aber folgender Fehler gemacht: gerade weil die eben erwähnten Momente in Frage kommen und täglich wechseln, darf man die Leistung von 100 m-Läufern an einem Tage mit der Leistung am anderen Tage nicht vergleichen, wenn nicht wie

---

[128] SCHIRLITZ, K.: Arb.physiol. Bd. 2 (1929) S. 273.
[129] HERXHEIMER, H.: Münch. med. Wschr. Bd. 69 (1922) S. 1339.

in obenerwähnten Versuchen am Fahrradergometer monatelang dauernde Experimente ausgeführt werden. Sonst sind die Schwankungen größer als der zu erwartende Erfolg. Ein zweiter Vorwurf wurde diesen Versuchen von SCHIRLITZ[128] gemacht, nämlich daß die Energieumwandlung gerade beim 100 m-Lauf zu kurz sei, um eine Koffeinwirkung erwarten zu lassen. Bei Ermüdung auf langen Märschen wirkt es günstig[130]. Diesen Vorwürfen können wir uns nicht anschließen, da es sich bei solchen Versuchen ja nicht um die Bestätigung einer vorgefaßten Meinung handelt, sondern es soll sich eben um bestimmte Messungen handeln. Diese Messungen erstrecken sich in erster Linie auf die Dosis von Koffein, die günstig oder schädlich wirken kann. Solche Versuche wurden deshalb in Breslau von Herrn Dr. KLEIN (mit Hilfe von den Herren cand. med. WOICZEK und STEPHAN) angestellt. Ihm verdanke ich die hier angeführten Resultate, die erst nach Erweiterung ausführlich veröffentlicht werden sollen und vorläufig in den Verhandlungsberichten des Pharmakologenkongresses (1938 in Berlin) niedergelegt wurden. Wir wählten als Dosis eine Kaffeemenge, die entweder koffeinfrei war, oder genau 0,25 g Koffein enthielt. Mit der Wahl gerade dieser Dosis wollten wir zweierlei erreichen. Erstens wollten wir eine Dosis wählen, wie sie bei einem normalen Kaffeegetränk eigentlich nicht in Frage kam. Es sollten Erfahrungen darüber gesammelt werden, ob Koffein-Kaffee den Sportlern schädlich sei. Es war zu erwarten, daß dann geringere Dosen bestimmt ebenso unschädlich sein werden. Zweitens wollten wir durch eine genügend hohe Dosis feststellen, ob eine Leistungssteigerung wirklich auftritt, und zwar auch bei welchen Übungen mehr, bei welchen weniger und ob diese Resultate sich in Beziehung setzen lassen zu unseren Deduktionen bei der Wirkung im Zentralnervensystem. Gänzlich fern lag es uns, etwa ein unfaires Dopingmittel zu finden. KLEIN versuchte eine bessere Abschätzung dadurch zu erreichen, daß er zur Ausschaltung der von HERXHEIMER erwähnten Momente bei jeder einzelnen Versuchsperson erst die Normalleistung an dem betreffenden Tage feststellte, dann die Leistung nach dem Kaffeegetränk. Am nächsten Tage wurde genau so verfahren, nur daß die Versuchsperson jetzt koffeinhaltigen Kaffee bekam, wenn sie

---

[130] SCHATENSTEIN, KOSJAKOFF und TSCHIRKIN: zit. nach Rona Bd. 95 (1936) S. 40, empfehlen den Soldaten und Sportlern bei langen ermüdenden Märschen Zucker und 0,15 g Koffein mitzugeben.

am Tage vorher koffeinfreien getrunken hatte und umgekehrt. Nach allgemeinen Erfahrungen der Sportler sowie nach den Untersuchungen von THOMSON und Mitarbeitern zeigen sportliche Leistungen bei Wiederholung der gleichen Übung nach einer Pause

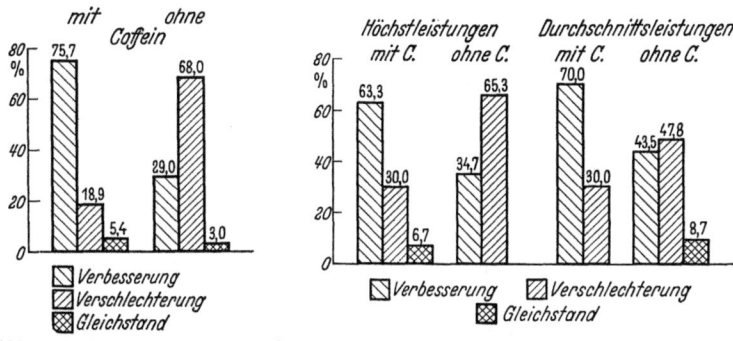

Abb. 6. Nach KLEIN. 100 m-Lauf.   Abb. 7. Nach KLEIN. Kugelstoßen.

von ½—2 Stunden eine deutliche Verschlechterung. Änderungen dieses Verhaltens ließen also einen Schluß auf die Wirkung des Koffeins im Kaffee zu. Bei diesem Verfahren konnten natürlich vorerst nur kurze Übungen angewandt werden: 100 m-Lauf, Kugelstoßen, Weitsprung. Die Prüfung erfolgte in Form eines Dreikampfes und in Form von Einzelmessungen zusammen an 65 Einzelpersonen. Durch die ganze Versuchsanordnung ist aber die Übung nicht frei von dem Ermüdungsmoment. Die Resultate beim 100 m-Lauf geben wir auf Abb. 6 an Stelle einer Tabelle wieder.

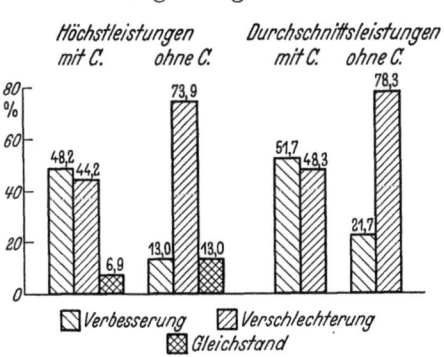

Abb. 8. Nach KLEIN. Weitsprung.

Bei dieser ausgesprochenen Schnelligkeitsübung tritt die Leistungssteigerung nach Koffein deutlich in Erscheinung. Bei den folgenden Übungen, Kugelstoßen und Weitsprung wurden je drei Leistungsmessungen ausgeführt. Wir geben sowohl die Höchstleistungen als auch die Durchschnittsleistungen auf den folgenden Abb. 7 u. 8 wieder.

Beim Kugelstoßen, bei dem es neben der Kraftentwicklung auch auf Koordinationen ankommt, finden wir auch die bessere Leistung nach koffeinhaltigem Kaffee. Die Verbesserung ist besonders deutlich bei den Höchstleistungen. Beim Weitsprung scheint die Besserung durch das Koffein weniger ausgeprägt. Solche Auffassung wird allerdings bei der sehr großen Verschlechterung nach dem koffeinfreien Kaffee durch die Möglichkeit einer fortschreitenden Ermüdung eingeschränkt werden müssen, zugleich kommen wir zeitlich in die Phase der abklingenden Koffeinwirkung, da der Weitsprung zuletzt etwa zwei Stunden nach dem Kaffeetrinken ausgeführt wurde. Es dürfte nicht überflüssig sein, darauf hinzuweisen, daß die Verschlechterung nach koffeinfreiem Kaffee, von der wir hier sprechen, den normal zu erwartenden Verlauf, nicht etwa eine schädliche Wirkung der vorhandenen Substanzen darstellt. Wir wollen nur zusammenfassend sagen, daß durch die Anwesenheit von Koffein im Kaffee die Leistungen bei kurzdauernden Kraft- und Schnelligkeitsübungen gesteigert werden können und die Erholung rascher erfolgt, was den Versuchspersonen auch merkbar wurde. Einerseits finden wir so die Resultate am Ergometer und isolierten Muskel auch übertragbar auf die Bedingungen der sportlichen Übung, andererseits dürfen wir sie nicht ohne weiteres übertragen auf andere Übungen.

Welche Momente hier noch hinzukommen, zeigen die von Dr. KLEIN und Mitarbeitern begonnenen Versuche beim Schwimmen und dem Lauf von mittleren Strecken. Beim Schwimmen besteht ein wesentliches Moment darin, ob der Schwimmer ein warmes Getränk erhält, wie bei der Leistung im Schwimmen ja der Wärmehaushalt eine ganz gewichtige Rolle spielt. Die Trennung von der Koffeinwirkung ist dann besonders schwierig, weil bei Änderung mehrerer Faktoren die Streuung besonders stark ansteigt.

Bei den mittleren Strecken darf man nicht außer acht lassen, daß hier zum Endeffekt, der Leistung, die Taktik des Laufes notwendig ist. Diese Taktik verlangt aber Beachtung von Zeit und Raum. Der Sinn zur Abschätzung dieser Qualitäten kann aber durch Kaffee beeinflußt werden, was aber bisher nicht gemessen und verfolgt wurde. Außerdem steht bei diesen sportlichen Übungen und bei raschen großen Leistungen als ein begrenzender und wesentlicher Faktor die Funktion von Herz und Kreislauf im Vordergrund, ganz anders wie bei den Ergometerversuchen, bei denen nur einzelne Muskelgruppen arbeiten. Deshalb wurde auch anschließend an anstrengende Übungen eine große Zahl von Puls-, Blutdruck- und Atmungsmessungen angeschlossen[131]. Darüber existieren schon zwei Untersuchungen und zwar eine von DREWES[132] und eine von MATTHIAS[133], nach denen die Pulszahl nach Koffein langsamer auf die Norm zurückkehren soll. Beide Arbeiten sind so in Abfassung und Darstellung, daß man wirklich für eine wissenschaftliche Beurteilung gar nichts mit ihnen anfangen kann. Bei unseren zahlreichen Versuchen wurde niemals eine merkbare Änderung gefunden. Die Leistung wird ebenso durch das Funktionieren von anderen Kreislauforganen beeinflußt[134], deshalb werden wir weitere Möglichkeiten der Beurteilung aus den Betrachtungen am Kreislauf entnehmen können.

Kreislauf.

Herz. Beim isolierten Kaltblüterherzen wurde manchmal eine schädigende Wirkung, aber erst bei ganz hohen Konzentrationen, nachgewiesen. 0,1% führt nur zum vorübergehenden Stillstand[135, 136], 1:10000 wirkt günstig und vermehrt die Exkursionen[28, 137]. Gelegentlich wird sogar von Dosierungen von 0,1—0,5% eine Vermehrung der Kontraktionshöhe und des Tonus beobachtet[138, 214]. Höhere Konzentrationen wirkten nicht. Die Tonuszunahme bei 0,25% scheint nicht ganz reversibel zu sein, aber Kontrakturen treten erst bei 1% auf[139].

---

[131] DE CASSINIS: zit. nach Rona Bd. 100 (1936) S. 425, über die Kriterien zur Beurteilung der Leistungsfähigkeit beim Sport.
[132] DREWES, H.: Dtsch. med. Wschr. 1935 S. 2010, 20 g Kaffee.
[133] MATTHIAS: Münch. med. Wschr. 1934 S. 555, keine Dosierungen angegeben.
[134] SIMONSON, E.: Asher-Spiro Bd. 37 (1936) S. 299.
[135] DE AGAZIO: zit. nach Rona Bd. 82 (1934) S. 188.
[136] PREOBRASCHENSKY: Z. exper. Med. Bd. 55 (1927) S. 226, 0,05% manchmal ungünstig, aber im allgemeinen günstig wirkend.
[137] SINHA: Arch. Intern. Pharmacodyn. Bd. 41 (1931) S. 59. R. tigrana und indica.
[138] CHENEY, R.: J. Pharmacol. Bd. 54 (1935) S. 42.
[139] HEATHCOTA: J. Pharmacol. Bd. 16 (1920) S. 327.
[139a] EISMAYER und QUINCKE: Aepp. Bd. 137 (1928) S. 362, dabei keine Änderung der Elastizität.

Beim Warmblüterherzen wird die Einwirkung auf den Muskel durch die erweiternde Wirkung des Koffeins auf die Coronargefäße kompliziert[140a—e]. Coronargefäßerweiterung gibt es beim Kaninchenherzen schon in Konzentrationen von 1:10000 bis 1:20000[139] und bei Hunden ebenso[143]. Vorwiegend wird die Systole vermehrt[141]. Die Tonuszunahme zugleich mit der Vermehrung des Schlagvolumens auf Koffein wurde auch von BODO bei STARLING nachgewiesen[144]. Das Interessante an den Versuchen von BODO am STARLINGschen Präparat war das rasche Abklingen der Tonussteigerung. Jedesmal bei Zusatz von 0,05—0,1 g Koffein kam es zum Tonusanstieg, der bald wieder nachließ, um nach neuem Zusatz wieder aufzutreten. Wir werden wahrscheinlich ein Anwachsen der Koffeinkonzentration bei jedem Zusatz um 0,01% erwarten müssen und trotzdem kam es bei hoher Konzentration zu keiner Herzschädigung. Wegen der Tonuszunahme wird Koffein eher geeignet sein, hohe Drucke zu überwinden als große Volumina zu fördern, die Beanspruchungsfähigkeit, das „potentiel d'action" des Herzens, wächst also. Hohe Konzentrationen von $1\frac{1}{2}$% führten natürlich rasch zum Stillstand[142].

[140a] BROWN, M. G. und RISEMAN: J. amer. med. Assoc. Bd. 109 (1937) S. 256. Koffein hat nur eine geringe Beeinflussung der Angina pectoris gegenüber den anderen Purinen. Das Gegenteil davon: PAL: Wien. med. Wschr. 1930 S. 661.

[140b] SMITH, F. M., G. H. MILLER und V. C. GRABER: J. clin. Invest. Bd. 2 (1925) S. 157, Koffein 1:25000 bis 1:50000 ohne Einfluß beim Kaninchenherzen, die anderen Purine dagegen haben Einfluß (s. unter Anmerkung 140e).

[140c] GILBERT, N. C. und K. G. FENN: ‚Arch. int. Med. Bd. 44 (1929) S. 118. Isolierte Hundeherzen Coronargefäßerweiterung in therapeutischen Dosen.

[140d] IWAI und SASSA: Aepp. Bd. 99 (1923) S. 215. Kaninchenherzen 1:25000 Durchflußvermehrung um 32%, 1:100000 um 7%.

[140e] STAUB, H. und GRASSMANN: Aepp. Bd. 154 (1930) S. 317, erste Erweiterung beim Katzenherzen 10^{-5}, beim Kaninchenherzen 10^{-4}.

[141] FROEHLICH und PASCHKIS: Klin. Wschr. 1922 (1894), beim Rattenherzen, Konzentration nicht angegeben.

[142] SATO: zit. nach Rona Bd. 76 (1933) S. 571, $1\frac{1}{2}$% Koffein, 13% Wasseraufnahme.

[143] ANREP, G. V. und R. C. STACEY: J. Physiol. Bd. 64 (1927) S. 187, 0,05 g Koffein im Herzlungenpräparat vermehrt den Coronardurchfluß um 115%, Herzvolumen nimmt nicht ab.

[144] BODO, R.: J. Physiol. Bd. 64 (1928) S. 365.

Bei der Kombination von Koffein mit anderen Giften sind die Wirkungen durchaus nicht einheitlich. Es findet sich z. B. bei Kombination mit großen Mengen Säure besonders eine Verschlechterung der günstigen Herzwirkung[145], überhaupt bei jeder Verschiebung der p_H nach irgendeiner Richtung, allerdings in Fällen, die praktisch nicht in Frage kommen. Die Wirkung von Azetanilid zusammen mit Koffein hat zu einer großen Diskussion geführt[146], wobei anscheinend das zugleich gegebene Citration die Hauptursache war. Dosen von 20 mg/kg, die sonst auf die Herzarbeit des Hundes günstig wirkten, wirkten nach Alkohol, Chloralhydrat und Morphin ungünstig, allerdings nur, wenn die Hunde schon im Sterben lagen[147], dabei spielt die besondere Empfindlichkeit der Gefäße des Hundes eine Rolle (s. u.). Beim Morphin handelt es sich sicher um eine Atemwirkung.

An eine Beobachtung von FLEISCHER und LOEB[148], daß bei Adrenalin 0,2 ccm 1:1000 und 0,025 g Coff. natr. benz. beim Kaninchen in 60% der Fälle, intravenös gegeben, Herzschädigungen entstehen, schließen sich eine Reihe von neueren Publikationen an. Es zeigen sich schwerste Veränderungen der Herzmuskelfasern, die ihren Höhepunkt nach etwa 21 Tagen erreichen, späterhin mehr und mehr abnehmen und schließlich ganz verschwinden. Es wurde besonders an den Papillarmuskeln und dem anschließenden Myokard interstistielles Ödem gefunden, Quellung der Muskelfasern, Vakuolisierung bis zum Untergang der Fasern und Wucherung des entsprechenden Bindegewebes oder schließlich fettige Degeneration[149]. Diese Veränderungen lassen sich auch elektrokardiographisch nachweisen und durch Injektion von Staphylokokken infizieren. Die entsprechenden Abszesse lokalisieren sich fast nur auf der linken Seite des Herzens. Es gelang zwar auch bei nichtbehandelten Tieren ähnliche Abszesse zu erreichen, die sich indessen auch auf das

---

[145a] SALANT, W. und J. E. NADLER: zit. nach Rona Bd. 39 (1926) S. 86.
[145b] SALANT, W. und J. E. NADLER: Amer. J. Physiol. Bd. 78 (1926) S. 308, Versuche an Katzen, 3—5 mg/kg wirken sonst günstig.
[146a] BROWN, E. und D. E. MOREHEAD: J. Pharmacol. Bd. 25 (1925) S. 161.
[146b] ROTH, G. B.: J. Pharmacol. Bd. 27 (1926) S. 249 und Bd. 30 (1927) S. 321.
[147] HASKELL, C. C.: J. amer. pharmaceut. Assoc. Bd. 15 (1926) S. 744.
[148] FLEISCHER, M. S. und L. LOEB: Arch. int. Med. Bd. 3 (1909) S. 78.
[149] JOHNSON, S. und W. I. SIEBERT: Amer. Heart J. Bd. 3 (1928) S. 279.

rechte Herz erstreckten[150]. Der vorgenommene Eingriff ist allerdings außerordentlich schwer. Ein Teil der Tiere stirbt nach der Injektion schon in einigen Minuten, 15—20% wurden am anderen Morgen tot aufgefunden mit Flüssigkeit in Pleura und Pericard[151]. Während dieser Schädigungen kam es zum Abfall des Kreatiningehaltes, der ungefähr der Schwere des Zustandes im Herzmuskel parallel ging. Bei diesen Versuchen spielt Adrenalin die überwiegende Rolle, Koffein kann auch durch Spartein ersetzt werden. Vielleicht ist es nur notwendig, um ein eventuelles akutes Lungenödem zu verhindern, oder der N. vagus muß eine Rolle spielen. Welche Funktionen aber Koffein im einzelnen hat bei der Produktion dieser Erscheinungen, ist unklar. Ohne den Kunstgriff wurden nach Koffein sonst niemals ungünstige Resultate erhalten und in den zur Beurteilung maßgeblichen Versuchen wurde eine günstige Wirkung erzielt.

Bei weiteren Versuchen über die Kombination von Koffein mit anderen Giften nehmen eine Ausnahmestellung die Versuche von PREOBASCHENSKY ein, der nach Vorbehandlung mit Koffein sowohl am Froschherzen[152] als auch am Katzenherzen[153] eine Schutzwirkung gegen die Vergiftung mit Digitaliskörpern, besonders Strophanthin, bemerkt haben will. Wenn das Koffein in kleiner Dosis von 1—10 mg etwa 60 Minuten vor der Strophantinvergiftung verabfolgt wurde[154], konnte man eine solche Begünstigung sehen, während bei gleichzeitiger Gabe diese Wirkung nicht eintrat. BISCHOFF[155] fand eine kleine Wirkung bei gleichzeitiger Infusion und empfahl eine Mischung von 0,1 g Koffein und $\frac{1}{4}$ mg Strophantin. Diese Kombination hat sich in der Klinik nach STEPP sehr bewährt evtl. noch unter Zusatz von Traubenzucker. Die Strophantintherapie soll durch Koffeinzusatz sehr viel weniger gefährlich geworden sein. Da nach PARADE auf Strophantin gelegentlich Verengerung der Koronargefäße vorkommt, wäre die günstige Koffeinwirkung vielleicht auf Beseitigung solcher Zwischenfälle

---

[150] JOHNSON, S. und W. I. SIEBERT: Proc. Soc. exper. Biol. a. Med. Bd. 24 (1927) S. 726.

[151] DECHERD, G., G. HERRMANN und P. ERHARD: Proc. Soc. exper. Biol. a. Med. Bd. 33 (1936) S. 519.

[152] PREOBRASCHENSKY: Z. exper. Med. Bd. 71 (1930) S. 49.

[153] PREOBRASCHENSKY: Z. exper. Med. Bd. 71 (1930) S. 72.

[154] PREOBRASCHENSKY: Z. exper. Med. Bd. 96 (1935) S. 608.

[155] BISCHOFF, L.: Z. Kreislaufforschg. Bd. 22 (1930) S. 573.

zurückzuführen. Eine geringe Wirkung bei gleichen Dosierungen von Koffein wurde vielleicht auch von HAAG und WOODLEY[156] beobachtet, aber bei großen Dosierungen eine Erhöhung der Toxizität. Auch dieser letzten Beobachtung werden wir jede Wahrscheinlichkeit zubilligen, denn die Tonuszunahme des Herzmuskels durch Koffein muß sich zu der Giftwirkung der Digitaliskörper, die in derselben Richtung liegt, hinzuaddieren. Beim Froschherzen wurde allerdings eine Herabsetzung des durch Adrenalin erhöhten Tonus auf Koffein beschrieben[160]. Diese Untersuchungen haben aber einen mehr theoretischen Wert, denn es ist für die Praxis nicht wesentlich, ob man die Wirkung eines Herzmittels durch ein anderes beeinflussen kann.

Bei allen das Herz schädigenden Substanzen wurde sonst durch Koffein das Herz günstig beeinflußt. Z. B. konnten durch Chloralhydrat geschädigte Froschherzen sogar nach Stillstand zum Schlagen gebracht werden[157], aber auch bei anderen Schädigungen, wie erhöhte Anfangsspannung, Kalziummangel, Kaliumüberschuß, Muskarinstillstand[158] wurden günstige Einflüsse berichtet. Die Widerstandsfähigkeit gegen Diphtherietoxin wurde gesteigert[159]. Auch beim künstlich überanstrengten und überdehnten Herzen wurde das Minutenvolumen erhöht und es ergaben sich bei Gaben von 0,02—0,05% Koffein Steigerung des Schlagvolumens bis 300%, des Minutenvolumens bis 100% bei gleichzeitiger Pulsverlangsamung[160].

Am STARLINGschen Präparat am Hundeherzen wurde ebenso nach Schädigung durch Barbitursäurederivate und Chloroform durch 0,2 g Coff. natr. benz. beträchtlich Leistungssteigerung erzielt, die nicht an eine Koronargefäßerweiterung gebunden war[161]. Auch bei künstlicher Mitralinsuffizienz konnte diese günstige Wirkung erzielt werden[162] und zwar durch Einwirkung auf den Muskel, so daß es zur besseren Systole kam.

[156] HAAG, H. B. und J. D. WOODLEY: J. Pharmacol. Bd. 53 (1935) S. 465.
[156a] Desgl. B. REVE: Über die Beeinflussung der Digilanidwirkung durch Koffein und Theobromin. Dissertation Münster 1936, 11 S.
[157] JUNKMANN, K.: Aepp. Bd. 96 (1923) S. 63, 0,04% Koffein.
[158] LANGECKER, H.: Aepp. Bd. 106 (1925) S. 1.
[159] LJUBUSIN, A.: zit. nach Rona Bd. 40 (1926) S. 459.
[160] BRUNS, O. und H. ROSENCRANTZ: Z. exper. Med. Bd. 49 (1926) S. 430.
[161] FLAUM, E. und R. RÖSSLER: Klin. Wschr. II (1933) S. 1489.
[162] BARRY, D. T.: Arch. internat. Pharmacodynamie Bd. 38 (1930) S. 111.

Minutenvolumen. Wenn wir am isolierten Herzen die günstige Wirkung des Koffeins auch unter den schwierigsten Bedingungen dartun können, so gilt das für das Herz am gesamten Kreislauf kaum. Das liegt daran, daß man am isolierten Herzen durch Regulierung des venösen Zuflusses die günstigen Vorbedingungen zur Vermehrung des Schlagvolumens schafft und die Möglichkeiten des Herzens ausschöpft. Das ist am gesamten Tier nicht der Fall. Da kommen jetzt die Wirkungen auf die verschiedenen Gefäßsysteme viel maßgeblicher zur Geltung. Vor allen Dingen werden wir wesentliche Wirkungen beim Normalen nicht erwarten dürfen. Bei den Hundeversuchen von PILCHER und Mitarbeitern[163] wurde in den niederen Dosen bis 10 mg/kg Koffein keine Änderung des Schlagvolumens gefunden, bei höheren kam es zu einer Senkung. Welche Faktoren dabei eine Rolle spielen können, zeigen die älteren Befunde von BOCK und BUCHHOLZ[164], die feststellten, daß die Steigerung des Minutenvolumens, die sie gelegentlich sahen, fortblieb, wenn die Hunde vorher Curare erhalten hatten, also Unruhe und Zittern bis zu Krämpfen vermieden wurde. Diese Autoren wiesen auch darauf hin, daß frühere Befunde von MEANS und NEWBURGH[165] mit Dosierungen von 0,3—0,4 g Koffein keine Vermehrung des Minutenvolumens beim Menschen ergaben, wenn man die einwandfreien Versuche auswählte. Auch durch GROLLMANN[245] der mit seiner Azethylenmethode arbeitete, wurden mit Dosierungen von 0,6 g Koffein kaum eine Erhöhung des Minutenvolumens erhalten, einmal von 4,5 auf 5,3 Liter bei 0,9 g von 4,0 auf 4,6 Liter als höchste Werte gerechnet. Eine Ausnahme von diesen allgemeinen Befunden machen die Untersuchungen von NEUTHARD und HOEHN[166]. Diese Autoren fanden schon nach 0,1 g Koffein eine Steigerung des Minutenvolumens auf das Dreifache. Sie geben an, daß die Versuchsperson ganz besonders empfindlich gewesen sei, aber ich glaube nicht einmal, daß der Grund darin zu suchen ist. Die Widerlegung findet sich in der Arbeit selbst, denn schon das Trinken von Flüssigkeit überhaupt führte zu fast genau

---

[163] PILCHER, C., C. P. WILSON und T. R. HARRISON: Amer. Heart J. Bd. 2 (1927) S. 618, Ficksche Methode mit Stickoxydul.
[164] BOCK, J. und I. BUCHHOLTZ: Aepp. Bd. 88 (1920) S. 192, Henriques-Methode.
[165] MEANS und NEWBURGH: J. Pharmacol. Bd. 7 (1913) S. 449.
[166] NEUTHARD, A. und HOEN: Aepp. Bd. 185 (1937) S. 293.

derselben Steigerung des Minutenvolumens. Man wird diese Befunde bei der Abschätzung nicht verwerten können. Dagegen soll nach STEPP und Mitarbeitern bei intravenöser Gabe von 0,3 g Koffein das Minutenvolumen bis auf das Dreifache steigen können, allerdings durchaus nicht konstant. Auch nach den Untersuchungen an isolierten Organen werden wir ohne weiteres gar keine Steigerung des Minutenvolumens erwarten dürfen, wie ich schon vorher ausführlicher betonte, sondern die Hauptwirkung besteht in einer Vermehrung des Tonus, Koffein vermag also das Herz in der Richtung zu ändern, daß es fähig ist, höhere Drucke zu überwinden. Wir werden solche Wirkungen bei den kleinen Genußdosen nicht erwarten dürfen. Einen Befund in dieser Richtung haben wir in den Untersuchungen von ATZLER und LEHMANN[167], die nach 0,175 g Koffein oder 17,5 g Kaffeepulver auf zwei Tassen Kaffee genommen, nach zweimaligem Ersteigen einer vier Stockwerk hohen Treppe innerhalb von 4—5 Minuten eine beschleunigte Anspannung der Fasern oder eine beschleunigte Austreibungszeit fanden, während in der Ruhe keine solche Erscheinungen nach Koffein bemerkt wurden. Weil eine ähnliche Erscheinung bei Untrainierten auch zu beobachten gewesen war, wird daraus auf eine verminderte Leistungsfähigkeit des Herzmuskels für Arbeitsleistungen geschlossen. Dieser Schluß scheint mir reichlich kühn und gezwungen. Ich möchte nur darauf hinweisen, daß unter jeder Einwirkung des autonomen Systems auf verschiedenem Wege solche beschleunigten Anspannungen erfolgen. BOHNENKAMP hat dafür sogar den Namen Klinotropie, z. B. nach Vaguswirkung eingeführt. Zum Überfluß wurde neulich noch in einem Vortrag von SCHULTZ[168] darauf hingewiesen, daß ein geschädigter Herzmuskel eine verlängerte Anspannungszeit hat, und daß das erste Zeichen der Besserung der Herzleistung unter Strophantin in einer verkürzten Anspannungszeit besteht.

Nach diesen ausführlichen Erörterungen über Koffein müssen wir jetzt andere Substanzen, die im Kaffeegetränk enthalten sind, in den Bereich unserer Betrachtungen ziehen. Bei Untersuchungen an isolierten Froschherzen nach STRAUB oder nach der Durchströmungsmethode von BÜLBRING bei TRENDELENBURG am Kröten-

---

[167] ATZLER, E. und G. LEHMANN: Med. Welt 1934 S. 525.
[168] SCHULTZ, H.: Vortrag, Referat nach Med. Welt 1938.

herzen, von MOURA CAMPOS und OLIVEIRA[169, 170] ausgeführt, erhielt man bei Durchströmung mit verschiedenen Kaffeeauszügen in Ringerlösung eine Tonuszunahme des Herzens[169], wenn die Konzentration des Kaffees nicht mehr als 1% beträgt. Steigt die Konzentration auf 2—4%, dann kommt es nach vorübergehender einfacher Depression zu einem Stillstand des Herzens, der aber bei Durchströmung von Normalringer glatt reversibel ist. Diese Änderungen werden bezogen auf den Kaliumgehalt in den Kaffeeauszügen[170]. Ebenso kann eine depressive Wirkung durch die Chlorogensäure ausgeübt werden, jedoch sind Konzentrationen von 1:3000 dazu notwendig[1]. Kleinere Dosen wirken aber wieder vorteilhaft am Froschherzen[28], während am Hundeherzen auch bei großer Dosierung überhaupt kein Effekt erzielt wurde.

Durch Trigonellin kann ebenso eine gewisse Beeinträchtigung des isolierten Herzens erreicht werden[1]. Schließlich hat GUMMEL[28] sowohl bei der toxischen Dosis nach parenteraler Gabe eine höhere Toxizität des Kaffeeinfuses als dem Koffeingehalt entspricht, festgestellt, als auch eine depressorisch wirkende Substanz in geringen Mengen nachgewiesen. Die Wirkung konnte durch Atropin beseitigt werden. Es handelt sich um Cholin und nicht um Histamin, wie von anderen Autoren angegeben wurde. Es wäre nun falsch, aus der depressorischen Wirkung der Substanzen am Herzen den Schluß zu ziehen, daß das Koffein beim Kaffee unbedingt notwendig sei, um die schädigende Wirkung dieser Beimengungen auf den Kreislauf zu verringern. Denn bei peroraler Gabe aller dieser depressorisch wirksamen Substanzen hört die Wirkung durch die langsame Resorption bzw. die rasche Entgiftung auf. Wir werden deshalb ohne weiteres HEUBNERs Urteil in seinem Vortrag in Bad Nauheim[171] zustimmen können, daß die einzig kreislaufwirksame Substanz, deren Wirkung im Kaffee praktisch in Frage kommt, das Koffein sei. Diese Behauptung gilt auch für die Schlagfrequenz, denn bisher haben wir nur die Einwirkung auf die Koronargefäße und den Herzmuskel in den Bereich unserer Betrachtungen gezogen.

---

[169] OLIVEIRA, D. DE und F. DE MOURA CAMPOS: C. R. Soc. Biol. Paris Bd. 108 (1931) S. 110.

[170] OLIVEIRA, D. DE und F. DE MOURA CAMPOS: zit. nach Rona Bd. 67 (1932) S. 789.

[171] HEUBNER, W.: Ätiologie der Herz- und Gefäßkrankheiten. 13. Fortbildungskurs in Bad Nauheim 1937.

Frequenz. Am isolierten Herzen verursacht Koffein eine Steigerung der Herzfrequenz, beim Frosch schon in Mengen von 1:25000 merklich[139], beim Kaninchen in derselben Konzentration[140d], noch kleinere Konzentrationen führen schon zu Veränderung der Herzdynamik und der Koronardurchströmung. Auch der Temperaturkoeffizient der Frequenz wird beim Frosch vergrößert[172]. Ebenso wird das Kammerflimmern bei faradischer Reizung des Herzens durch Koffein erleichtert, indem die Stromintensität erniedrigt werden kann[173]. Die Vermehrung der Reizbildung macht sich auch an den tertiären Automatiezentren geltend, denn sie tritt ein beim Herzblock, wo es dann zu beträchtlichen Pulsbeschleunigungen kommen kann. Auch wenn im Versuch die Hisschen Bündel durch Quetschung oder durch 40proz. Formalin oder $AgNO_3$ wie in den Versuchen von EGMOND[174] geschädigt waren, konnte eine Frequenzbeschleunigung erzielt werden, aber niemals wurde die Schädigung so verstärkt, daß ein totaler Block zustande kam, selbst bei 0,1 proz. Lösungen nicht. Bei den Experimenten von SEMERAU[175] wurde 0,4—0,6 g Coff. natr. benz. in 100—150 ccm Ringer gelöst und in die Vene infundiert bei drei Patienten mit einem Blockherzen. Es fand sich beim Ventrikel eine Zunahme der Schlagzahl von 28 auf 39 Schläge. Die Wirkung war auch nach 50 Minuten noch nicht abgeklungen. Von besonderem Interesse ist für uns noch die Bemerkung, daß diese Wirkung durch subkutane oder durch perorale Dosierungen derselben Stärke nicht zu erreichen war. Andererseits können bei geeigneter Versuchsanordnung bestehende Überleitungsstörungen durch Koffein beseitigt werden, z. B. durch 0,2 proz. Koffein die Störungen auf Nikotin[176] oder Kokain und Strychnin[177] am Froschherzen. In vielen Fällen kann

---

[172a] BELEHRADEK: Arch. internat. Physiol. Bd. 35 (1932) S. 1.
[172b] BELEHRADEK: zit. nach Rona Bd. 66 (1931) S. 449.
[173] MIKHAILOW, K. M.: zit. nach Rona Bd. 102 (1936) S. 654, besonders der Aschoff-Tawara-Knoten soll beeinflußt werden.
[174] EGMOND, A. A. J. VAN: Pflügers Arch. Bd. 180 (1920) S. 149.
[175] SEMERAU, M.: Z. exper. Med. Bd. 31 (1923) S. 236.
[175a] SIEBECK: Münch. med. Wschr. Febr. 1935, warnt deshalb vor Verabreichung von Kaffee bei unregelmäßiger Herztätigkeit.
[176] CHENEY, R.: J. Pharmacol. Bd. 54 (1935) S. 213 u. 230. R. catesbiana 0,012% wirkungslos, 0,025—0,25 Amplitudenzunahme und Frequenzänderung, 0,5% Rhythmusstörungen.
[177] SIMON, W.: Aepp. Bd. 100 (1924) S. 307, isoliertes Temporarienherz 0,001—0,01% Koffein.

man den Eintritt einer Pulsverlangsamung nachweisen. In den Versuchen von SEMERAU[175] wurde die Frequenzbeschleunigung bei totalem Block wie oben erwähnt, am Ventrikel nachgewiesen, beim Vorhof kam es zu gleicher Zeit zu Pulsverlangsamung. Ist keine Überleitungsstörung vorhanden, dann wurde merkwürdigerweise auch am isolierten Herzen Pulsverlangsamung beobachtet, merkwürdig, weil wir die Pulsverlangsamung im allgemeinen auf eine zentrale Vaguswirkung zurückführen. Wir erwähnen hier die Versuche von VITTORIO am Kaninchenherzen nach LANGENDORFF: eine Frequenzverminderung bei Konzentrationen 1:40000[178]. Am ganzen Hund verursachten 1—28 mg/kg eine Verminderung, größere Mengen eine Zunahme der Schlagzahl. Dasselbe war selbst bei verschiedenen Fischen[179] nachweisbar. Wir sehen immer, wie sich die Wirkung von Koffein gleichmäßig bei allen Tieren wiederfindet mit geringen quantitativen Unterschieden. Die Pulsverlangsamung würde bei Ursprung vom zentralen Vaguskern zu Störungen im Reizleitungssystem führen können und diese damit erklärbar werden. Aber diese Auffassung gilt nicht fürs isolierte Herz. Auch am Hühnerembryonenherz kann man die Frequenzabnahme beobachten[180], die sich aber nur auf den Vorhof erstreckt, weil zugleich ein partieller Block mit Variationen 1:1 bis 1:5 zustande kommt.

Um diese Befunde dem Verständnis näher zu bringen, führe ich die Versuche von OURY[181] an, der am isolierten Herzohr und am isolierten M. rectus abdominis des Frosches durch Koffein 1:10000 eine größere Empfindlichkeit für Azetylcholin fand, die nicht auf einer Hemmung der Cholinesterase beruht. Auch die Reizung des N. vagus am Katzenherzen wird durch 3—50 mg/kg bedeutend verstärkt[102], ebenso die Vagusreizung am Krötenherzen bei 0,05%

---

[178] VITTORIO, S.: Arch. internat. Pharmacodynamie Bd. 27 (1922) S.265.
[179] BRINLEY, F. I.: zit. nach Rona Bd. 83 (1934) S. 236, Stizoctedion vireum, Pomoxis sparoides, Cyprinus carpio, 0,02proz. Lösungen, Pulsbeschleunigung, 0,1proz. Lösungen Pulsverlangsamung.
[180] BRINLEY, F. I.: Amer. J. Physiol. Bd. 100 (1932) S. 357, 1:10000 Koffein Beschleunigung der Pulszahl, 48 Stunden nach Bebrütung Irregularitäten der Pulszahl bei gleichbleibendem Vorhofsrhythmus, 1%, nach Kammerblock Herzstillstand.
[181] OURY, A.: Arch. internat. Physiol. Bd. 44 (1937) S. 488.
[182] FREDERICQ, H. und Z. M. BACQ: C. R. Soc. Biol. Paris Bd. 124 (1937) S. 269.

Koffein nach Versuchen von BACQ und FREDERICQ[182, 184]. Höhere Dosierungen führen dagegen zur Lähmung des Vagus. Diese doppelphasische Wirkung, auf die Dosierungsskala berechnet, erklärt die Befunde von BARRY, der die Chronaxie von Vagusfasern nach Koffein erhöht fand[162], oder die Wirkung des Vagus am Froschherzen nach Vorbehandlung nicht mehr in voller Höhe erreichen konnte[183]. Die antagonistische Wirkung vom Koffein beim Stillstand des Froschherzens nach Muskarin und Pilocarpin[158] ist wahrscheinlich gar nicht auf diese Wirkungsart zurückzuführen.

Daß bei solchen Verhältnissen in geeigneter Dosierung eine Pulsbeschleunigung wie die nach Insulin[185] durch Koffein verhindert werden kann, ist nur zu verständlich.

Sympathicus. Aus der Tatsache, daß Koffein die Kontraktionen des Ventrikels vermehrt und die Frequenz beschleunigen kann, könnte geschlossen werden, daß es eine sympathikonimetische Wirkung hat. Das wurde dadurch zu beweisen versucht, daß Hunde auf eine vorherige Behandlung mit Kokain mit einer verstärkten Koffeinwirkung reagierten[186]. Wenn auch Koffein am ausgeschnittenen Froschauge in Konzentrationen von 1% eine deutliche pupillenerweiternde Wirkung hat[187], so war doch durch Injektion am intakten Frosch keine irgendwie geartete Wirkung festzustellen, selbst in Dosen, die tödlich waren (0,25 g/kg Frosch). Im Gegenteil wurde eher eine lähmende Wirkung des Koffeins auf den Sympathicus, allerdings erst in hohen Dosierungen angenommen und nachgewiesen. Gerade die Pupille ist ein dankbares Versuchsobjekt dafür. Durchschneidung des Halssympathikus und Reiz führt zur Erweiterung der Pupille. Vorbehandlung mit 50—200 mg/kg Koffein kann diese Wirkung zum Verschwinden bringen[102, 184].

Gefäße. Bei diesen Versuchen wurde auch keine Verengerung in den Ohrgefäßen des Kaninchens auf den Reiz hin beobachtet. Analoge Wirkungen wurden bei Durchströmung der hinteren Extremitäten des Frosches nach LAEWEN-TRENDELENBURG fest-

---

[183] BARRY, D. T.: Arch. internat. Pharmacodynamie Bd. 35 (1929) S.460.
[184] FREDERICQ, H. und A. DESCAMPS: C. R. Soc. Biol. Paris Bd. 85 (1921) S. 13.
[185] POPPER, L. und S. JAHODA: Klin. Wschr. 1930, II S. 1585.
[186] TIFFENEAU, M. und A. BEAUNE: zit. nach Rona Bd. 91 (1934) S. 667.
[187] GAUTIER, CL.: C. R. Soc. Biol. Paris Bd. 90 (1924) S. 1251.

gestellt[188, 189], ebenso in derselben Versuchsanordnung bei der Kröte[190]. Diese sympathikuslähmende Wirkung wurde auch an der Aufhebung der Adrenalinwirkung[191] durch 0,03% Koffein an Gefäßstreifen, 0,05% am TRENDELENBURGschen Präparat demonstriert. In diesen Untersuchungen von JUNKMANN[191] fand sich durchaus kein gleichmäßiger Parallelismus z. B. am Darm und Uterus und Stoffwechsel, letzteres im Gegensatz zu anderen Autoren[192]. Auch am Darm waren die Resultate nicht gleichmäßig bestätigt[194a]. Wichtig ist die Feststellung, die auch schon früher[189] gemacht worden war, daß auch die Wirkung von Barium auf die Gefäße durch Koffein gehemmt wird. Also handelt es sich um einen spezifischen Angriffspunkt in der glatten Muskulatur, der peripher den Nervenendigungen liegen muß, wie neuerdings FREDERICQ und BACQ[193] feststellten. Ähnlich verhielt sich übrigens auch Theobromin[193, 194]. Aber selbst bei den sympathisch innervierten Melanophoren von FUNDULUS übt Koffein eine paralysierende Wirkung aus[195]. Die gefäßerweiternde Wirkung nimmt noch zu bei vollkommenem Hunger von Tauben bei Durchströmung der isolierten Flügel[196]. Bei großen Konzentrationen an isoliert durchströmten Lungen kommt es durch Koffein 1:10000 nach einer

---

[188] SAHLSTRÖM, N.: C. R. Soc. Biol. Paris Bd. 90 (1924) S. 131, ebenso die anderen Xanthinderivate.

[189] SAHLSTRÖM, N.: Skand. Arch. Physiol. (Berl. u. Lpz.) Bd. 45 (1924) S. 169.

[190] ZENICHI KOIZUMI: zit. nach Chem.-Ztg. 1937, II S. 805, alle Xanthine untersucht.

[191] JUNKMANN, K. und W. STROSS: Aepp. Bd. 114 (1926) S. 288, 0,01% unterdrückt Adrenalin 10^{-7} 1:625 unterdrückt Adrenalin 1:50000.

[191a] STROSS, W.: Aepp. Bd. 111 (1926) S. 34.

[191b] KITAMURA, N.: zit. nach Rona Bd. 41 (1927) S. 144, am Aortenstreifen durch Koffein keine Wirkung.

[192] BARDIER, E., P. DUCHEIN und A. STILLMUNKES: C. R. Soc. Biol. Paris Bd. 86 (1922) S. 4 u. 6.

[193] FREDERICQ, H. und Z. M. BACQ: zit. nach Chem.-Ztg. 1937, I S. 4120.

[194] FREDERICQ, H. und L. MELON: C. R. Soc. Biol., Paris Bd. 86 (1922) S. 506.

[194a] FREDERICQ, H. und L. MELON: C. R. Soc. Biol., Paris Bd. 87 (1922) S. 92.

[195] BRINLEY, F. I.: J. Pharmacol. Bd. 46 (1932) S. 325.

[195a] THIENES, C. H.: Proc. Soc. exper. Biol. a. Med. Bd. 24 (1926) S. 135; R. pipiens in Koffein 1:3000 in ½—1½ Std. wird die Haut dunkel durch Ausbreitung der Melanophoren; Hypophyse?

[196] ALPERN, D.: Klin. Wschr. 1924 S. 1364.

kurzen Verengerung von einer halben bis fünf Minuten anschließend zu einer langdauernden Erweiterung[197]. Ebenso erweitern sich durchströmte Hundeextremitäten[198], wobei darauf hingewiesen werden muß, daß die Hunde empfindlicher auf die Dilatation reagieren als Katzen, eine Beobachtung, die manche quantitativen Unterschiede bei diesen beiden Versuchstieren erklären könnte[199b].

Blutdruck. Bevor wir die spezifischen Veränderungen in den einzelnen Gefäßgebieten im einzelnen durchsprechen, kommen wir erst einmal zu der Betrachtung, wie die an den großen Gebieten sich ergebenden Änderungen auf den Blutdruck insgesamt auswirken. Denn dieser Blutdruck war eigentlich unser ursprünglicher Behandlungsgegenstand. Die bisher beschriebenen Veränderungen würden eher erwarten lassen, daß am gesamten Tier der Blutdruck sinkt, als daß er auf Koffein steigt und doch kann man letzteres nachweisen. 0,01 g/kg verursacht bei Kaninchen nach JUNKMANN[199] eine Blutdruckerhöhung von 3—5 mm Hg, höhere Dosierungen führten zu Blutdrucksenkung durch periphere Gefäßerweiterung, durch noch höhere Dosierungen, also im Bereich der tödlichen Wirkung, kann vielleicht auch das Herz ungünstig beeinflußt werden. Die bei kleineren Dosierungen vorwiegende Reizung des Vasomotorenzentrums konnte beim Frosch nicht so gut demonstriert werden, weil die periphere Wirkung auf kleinere Konzentrationen anspricht[199a]. Wenn die Verhältnisse so liegen, wird das Koffein — so könnte man denken — als Analepticum nicht gut brauchbar sein. Das gilt sicherlich auch für die anderen Purine, z. B. das Theobromin. Aber die Verhältnisse sind günstiger für Koffein als Analepticum bei Blutdrucksenkungen z. B. durch Chloroform[199]. Auch nach Dezerebrierung[200] oder Chloralhydrat[201] mit der Beeinträchtigung des Vasomotorenzentrums ließ sich eine Blutdrucksteigerung dartun. Nur deshalb ist es erklärlich, daß man

---

[197] BOCK, H. E.: Aepp. Bd. 166 (1932) S. 634.
[198] KOHN, R.: Bd. 167 (1932) S. 216.
[199] JUNKMANN: Aepp. Bd. 111 (1926) S. 55.
[199a] SCHMIDT, A. K. E.: Aepp. Bd. 85 (1919) S. 137.
[199b] MORIMOTO, M.: Z. Kreislaufforschg. Bd. 21 (1929) S. 324.
[200] STROSS, W.: Aepp. Bd. 131 (1928) S. 18.
[201] HASKELL, C.: J. amer. pharmaceut. Assoc. Bd. 14 (1925) S. 964, 20—40 mg/kg Koffein hatte keinen günstigen Einfluß auf die tödliche Wirkung von Chloralhydrat. Dasselbe fand mein Doktorand WAGNER bei Ratten. Diss. Gießen 1932.

es bei Ohnmachten, Kollapsen usw. (STEPP) empfiehlt[202], abgesehen von der Absicht, Atmung oder Sensorium zu beeinflussen. Aber meistens wird man nur einen günstigen Erfolg erzielen, wenn die Injektion intravenös geschieht. Aber auch in den Versuchen von FRANKEN[203] an sieben Frauen im Dämmerschlaf führte 0,2 g Koffein intravenös nur bei einem Fall zu einer Blutdrucksteigerung für vier Minuten, die 5 mm Hg überschritt. Bei 0,3 g intravenös wurden von STEPP und Mitarbeitern deutliche Steigerungen mit Konstriktion der peripheren Gefäße beobachtet, aber nicht ganz konstant. Weil eben blutdrucksteigernde Wirkungen kaum vorhanden sind, konnte LAQUEUR und MAGNUS[204] die Anwendung von Koffein bei Gasvergifteten empfehlen, die bei der kleinsten Blutdrucksteigerung schon mit Zunahme des Lungenödems reagieren können, weshalb eben Adrenalinkörper streng kontraindiziert sind.

Nach Kaffeegenuß des Menschen wird aber immer wieder über eine Blutdrucksteigerung berichtet. H. W. MAIER[27] stellte bei seinen Patienten auch Blutdruckmessungen an und fand bei 15 g Kaffeepulver auf 300 ccm Wasser = 0,15 g Koffein und bei 60 g Kaffee auf 500 ccm Wasser = 0,6 g Koffein keine Einwirkung auf den Blutdruck fest. Die mittlere Dosis von 30 g Kaffeepulver bzw. 0,3 g Koffein hatten einen Anstieg von ca. 8 mm Hg im Gefolge. Bei den Parallelversuchen mit Kaffee Hag war eine Schwankung von ± 4 mm bemerkbar. Diese Versuche wurden später mit mittleren Dosierungen von MENSCH[205] mit etwa denselben Resultaten wiederholt. Da MENSCH zum Teil an lungenkranken Patienten experimentierte, wird man an die gelegentlich auftretende Empfindlichkeit von asthenischen Patienten denken müssen[49]. Bei Asthenikern ist die therapeutische Kreislaufwirkung des Koffeins besonders deutlich (STEPP). An Versuchen mit tuberkulösen Kaninchen[205a] wurde die periphere Gefäßerweiterung durch Koffein vermindert gefunden. Aber auch bei den Patienten von MENSCH

---

[202] BAUR, H.: Med. Welt Nr. 22, 1935. Siehe bes. Vortr. von STEPP auf d. Pharmakologenkongreß 1938 in Berlin.
[203] FRANKEN, H.: Klin. Wschr. 1930, I S. 1124.
[204] LAQUEUR, E. und R. MAGNUS: Z. exper. Med. Bd. 13 (1919) S. 200.
[205] MENSCH, I.: Schweiz. med. Wschr. Bd. 56 (1926) S. 811, Herzkranke und Lungentuberkulose.
[205a] GORECKI, C.: zit. nach Rona Bd. 58 (1930) S. 825, fand bei Herzkranken keine Steigerung.
[205b] PREOBRASCHENSKY, A.: Z. exper. Med. Bd. 45 (1925) S. 452.

war 1½ Stunden später keine Blutdrucksteigerung mehr nachweisbar.

Ausgedehnte Versuche veranstaltete HORST und Mitarbeiter mit der Dosierung 4 mg/kg[80], von denen wir die Resultate auf der Abb. 9 bringen. Auf der Abbildung ersieht man die normale Streuung der Blutdruckwerte und zugleich die Geringfügigkeit der

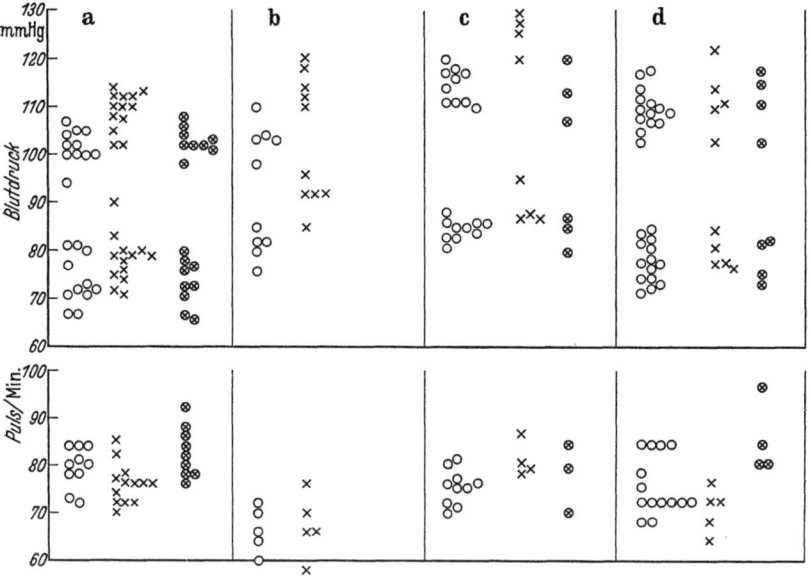

Abb. 9. Nach HORST u. Mitarbeiter (80). Verhalten der Pulszahl und des systolischen und diastolischen Blutdrucks nach Kaffee mit 4 mg/kg Koffein. Oben: Blutdruck Ordinate in mm Hg. Unten: Pulszahl/Minute. Die leeren Kreise geben die Werte vor dem Kaffee, die durchkreuzten Kreise 25 Stunden nach dem Kaffee, die Kreuze die Werte 1—2 Std. nach dem Kaffee. Bei Berücksichtigung der Streuung ist kaum eine Wirkung vorhanden.

Wirkung an vier ihrer Versuchspersonen, die einen guten Durchschnitt der Gesamtart der Wirkung gäben. Auch STEPP weist darauf hin, daß man bei der Messung des Blutdrucks leicht Täuschungen unterliegen kann, weil schon die Vorstellung, daß eine Blutdrucksteigerung zustande kommen könnte, zu solchem Effekt führt. Dieselbe Größe der Wirkung wurde in weiteren Versuchen gefunden. In Abb. 10 aus einer weiteren Arbeit[76a] geben wir noch die Blutdrucksteigerung bei älteren Leuten wieder, bei denen die Dosierung sogar 4½ mg/kg überstieg. Das sind Dosierungen, die beim normalen Kaffeetrinken wohl kaum vorkommen dürften. Auch auf dieser Abbildung sehen wir Steigerungen, die die normale Streuung kaum übertreffen, obwohl man sagt, daß Koffein bei Hypertonikern etwas stärker blutdrucksteigernd wirken soll[206]. STEPP erwähnt, daß die Verträglichkeit des Kaffees bei den einzelnen Hypertonikern durchaus verschieden ist, manche vertragen ihn gut, andere schlecht. Offenbar ist der Grund dieser verschiedenen Verträglichkeit nicht in der Einwirkung auf den Blutdruck

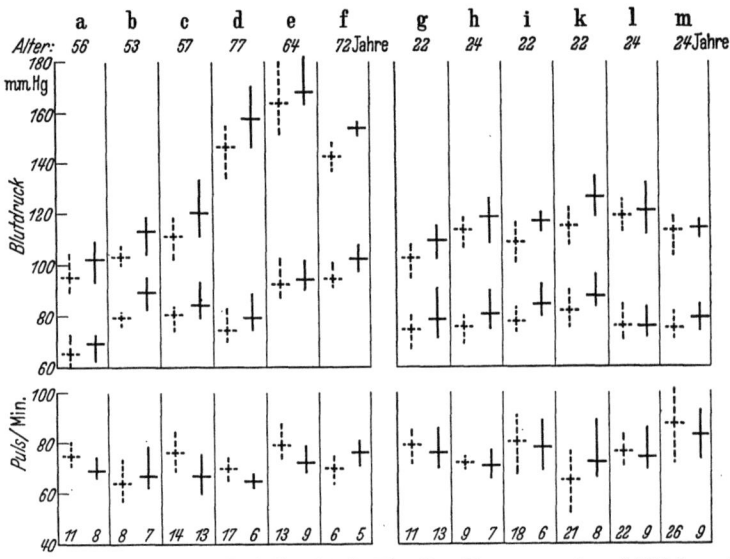

Abb. 10. Nach HORST u. Mitarbeiter (76 a). Dieselben Messungen wie auf Bild 9, unter gleichzeitiger Angabe des Lebensalters. Dosierungen siehe Text. Senkrechte Linie: Bereich der Messungen, Querstrich: Durchschnittswert, Punktung: vor Kaffee, durchgezogene Linien: nach Kaffee. Man sieht auch hier die Geringfügigkeit der Wirkung selbst bei hohem Blutdruck. Siehe dazu die Bemerkungen von STEPP im Text.

zu suchen. Die Blutdruckamplitude wird auch wenig verändert. Es ist wahrscheinlich, daß diese Dosierung auf einmal gegeben, schon das Maximum der überhaupt möglichen Wirkung darstellt, denn die Steigerung der Dosierung bei anderen Autoren führte zu keinem weiteren Blutdruckanstieg. Intravenöse Gaben bis 0,8 g Coff. natr. benz. (s. vorher STEPP) und subcutane Gaben bis 1,5 g pro dosi führte bei anderen Untersuchungen zu keiner Steigerung des Blutdrucks, auch keinen anderen Beschwerden — eine Ver-

---

[206] ENESCO, J. N.: zit. nach Rona Bd. 10 (1921) S. 157.

suchsperson schlief sogar bei der intravenösen Injektion von 0,7 g dieses Doppelsalzes ein — woraus dann der Experimentator[207] schloß, daß die Doppelsalze, ähnlich wie SCHÜLLER es beim isolierten Froschmuskel erwiesen hatte, auch am Gesamtorganismus unwirksam seien. Ähnliche Resultate wurden auch an anderen Stellen gefunden[208]. Ein Teil der Erscheinungen ist wahrscheinlich schon durch die Verabfolgung des heißen Getränkes bedingt.

Wenn man von den reinen Koffeinwirkungen abgeht und zu dem Gesamtkaffee bei parenteraler Zufuhr übergeht, dann kommt man schließlich zu beträchtlichen Blutdrucksenkungen[209]. Wir haben schon verschiedene Substanzen erwähnt, z. B. das Cholin, das solche Wirkungen verursachen kann. Auf das Trigonellin ist diese Senkung auch bei dieser Applikationsart sicher nicht zu beziehen, denn in den Versuchen von KOHLRAUSCH[210] hat 0,5 g und 1 g subcutan keine Wirkung bei Katzen und Kaninchen. Der Autor selbst hatte 0,5 g genommen und keine Wirkung verspürt. Bei 0,2 g trat beim Kaninchen eine geringe Blutdrucksenkung mit anschließender geringfügiger Steigerung ein, wenn man intravenös injizierte. Wenn also schon Trigonellin nur ein Drittel von der Menge des Koffeins im Kaffee enthalten ist, und um das Vielfache weniger giftig — selbst bei intravenöser Applikation — ist, dann werden wir keine Blutdruckwirkung erwarten dürfen. Nach diesen gesamten Befunden sind die Behauptungen von STIEVE in der Doktorarbeit von SCHUBERT (Halle), daß die Entwicklung einer Arteriosklerose durch koffeinhaltigen Kaffee begünstigt wurde, ohne den geringsten Grund.

Atemorgane. Koffein wirkt auch auf das Atemzentrum und zwar nicht auf dem Umwege über den Sinus caroticus wie Experi-

---

[207] GROSSMANN, M. und K. LUSICKY: Wien. klin. Wschr. Bd. 39 (1926) S. 442, 4 Patienten.
[208] ANTTIKA, K., A. ILUS, M. RIIPA und SANTAHOLMA: zit. nach Rona Bd. 43 S. 847, 57 Personen mit 0,4 Coff. natr. benz. 200 ccm starken Kaffees auf nüchternen Magen führt zu 3—4 mm Hg-Steigerung.
[208a] DREIKURS: Wien. klin. Wschr. 1927 S. 156, kaum Blutdrucksteigerung Coff. natr. benz. 0,4 g subkutan.
[209] BATACEAÑO, G. und C. VASILIU: C. R. Soc. Biol., Paris Bd. 113 (1933) S. 1247. Kaffee Hag soll angeblich eine Drucksenkung bei dieser Applikationsart nicht im Gefolge haben. Sie soll bei ungebranntem Kaffee stärker sein als bei gebranntem.
[210] KOHLRAUSCH: Z. Biol. Bd. 57 (1912) S. 237, 25% der Base wurden unzersetzt ausgeschieden.

mente an Hunden und Katzen ergaben[211]. Die Wirkung nimmt bei verschiedenen Dosierungen ab[215], besonders bei Schädigung des Atemzentrums durch erhöhten Liquordruck[212], obwohl der Druck des Liquors selbst beim intakten Tier kaum beeinflußt wird[213]. Die Einwirkung erstreckt sich vorwiegend auf die Beschleunigung der Frequenz, weniger auf die Tiefe der Atmung[214]. Die Dauer der Wirkung ist so, daß eine Verringerung der Alveolarluft nach 30 mg/kg intravenös für $1/2$—3 Stunden beobachtet wurde [215, 216], zugleich kommt es zu einer Steigerung der p_H nach der alkalischen Seite[217]. Auch ein Antagonismus gegen eine Reihe von das Atemzentrum lähmenden Stoffen wurde festgestellt, z. B. bei der Lähmung des Atemzentrums von Fischen durch chloroformhaltiges Wasser[218], bei der Atmungsdepression von Magnesiumsulfat bei Meerschweinchen, Kaninchen und Hunden[219]. Eine geringe Wirkung ist auch beim durch Morphin geschädigten Atemzentrum vorhanden[220, 221]. Bei großen Gaben von Morphin läßt sich der Tod nicht aufhalten, denn die Tiefe der Atemwirkung ist bei Koffein immer nur schwach, so daß durch Steigerung der Dosis keine Steigerung der Wirkung erzielt werden kann, ja bei großen Dosen sogar der entgegengesetzte Effekt eintritt, nämlich Lähmung. Deshalb fand HASKEL und Mitarbeiter[222] durch Gaben

---

[211] MESSURIER, D. H. LE: J. Pharmacol. Bd. 57 (1936) S. 458, 30 mg Coff. natr. benz.
[212] LOEVENHART, A. S., I. Y. MALONE und G. H. MARTIN: J. Pharmacol. Bd. 19 (1922) S. 13.
[213] HOFF, H.: zit. nach Rona Bd. 21 (1923) S. 420.
[214] UNNA, K. und WINIWARTER: Aepp. Bd. 187 (1937) S. 163, Kaninchen.
[215] SMITH, R. G.: J. Pharmacol. Bd. 33 (1928) S. 147.
[216] MEISSNER, R.: Z. exper. Med. Bd. 31 (1923) S. 159.
[217] SCHAU KUANG LIU und R. KRÜGER: Z. exper. Med. Bd. 56 (1927) S. 648, 25—50 mg/kg Coff. natr. benz. salicyl. intravenös.
[218] BINET, L., H. CARDOT, A. ARNAUDET und V. BONNET: C. R. Soc. Biol., Paris Bd. 107 (1931) S. 470, bei Fisch Gobius Iota auch am durchströmten Kopf gemessen.
[219] ZEIGLER, W. H.: J. amer. pharmaceut. Assoc. Bd. 14 (1925) S. 86.
[220] SCHMIDT, C. F. und B. HARER: J. exper. Med. Bd. 37 (1923) S. 69.
[221] SCHÜBEL, K. und W. GEHLEN: Aepp. Bd. 133 (1928) S. 295, Steigerung der Atmung durch 50 mg/kg Coff. natr. benz. in 30 Minuten abgeklungen, kleinere Dosen ganz kurze Erregung bei subkutaner Gabe maximale Erregung nach 20—30 Minuten für $1\frac{1}{2}$ Stunden.
[222] HASKELL, C. C., J. E. RUCKER und W. S. SNYDER: Arch. int. Med. Bd. 33 (1924) S. 314.

Atemorgane. 65

großer Dosen Koffein sogar eine tödliche Wirkung bei niedrigeren Dosen von Morphin als ohne Vorbehandlung. Daß diese Wirkung besonders auch bei Mäusen eintrat, ist verständlich wegen der erregenden Wirkung des Morphins bei diesen Tieren, so daß die eintretenden Krämpfe verstärkt werden und der Tod früher eintritt. Die Erregung des Atemzentrums ist erst bei größeren Dosierungen vorhanden und beim normalen Kaffeegenuß nicht zu erwarten oder nur angedeutet.

Die Atmung kann auch auf dem Umwege über eine Wirkung auf die Bronchien beeinflußt werden. Diese werden durch Koffein zur Erschlaffung gebracht, was an der isolierten künstlich durchströmten Lunge demonstriert wurde[223]. Sogar die Krämpfe von Muskarin konnten gelöst werden[224]. Auch bei Bronchialasthma soll sich dieser Effekt erzielen lassen, besonders in Kombination mit Kardiazol[225] und auch anderen Substanzen (STEPP). Sogar der anaphylaktische Shock wird durch Koffein verhindert[225a]. Das soll auf einer Hemmung der Komplementbildung beruhen, die sich sowohl am hämolytischen System[225b] als bei der Bakterienagglutination[225c] zeigte.

Die hier dargelegten Einwirkungen auf das Atemsystem bilden nur eine kurze Abschweifung in der Frage der Beeinflussung der lebenswichtigsten Organsysteme. Außerdem ist die Atmung zur Funktion des gesamten Kreislaufs wichtig. Wir tragen jetzt noch die Befunde nach, die bei der Untersuchung der einzelnen Organsysteme erhoben wurden. Wir wollen feststellen, welche Modifikationen durch Einflüsse von diesen Organen auf den Gesamtkreislauf zu erwarten sind.

Untersuchungen, die die Venen allein berücksichtigen, sind am isolierten Kaninchenohr durch ANITSCHKOW[226] ausgeführt. Die

---

[223] WARNANT, H.: C. R. Soc. Biol., Paris Bd. 101 (1929) S. 491, keine Dosierung angegeben, Durchströmung nach Oettingen mit Flüssigkeit.
[224] LOEHR, H.: Z. exper. Med. Bd. 39 (1924) S. 67, 1:1500—1:3000 Durchströmung nach BRODIE und DIXON, ganz vorübergehende Verengerung der Lungengefäße und darauf starke Erweiterung, die Bronchien erweitern sich beträchtlich.
[225] JANUSCHKE, H.: Wien. med. Wschr. Bd. 78 (1929) S. 1437.
[225a] HIRATA, U.: zit. nach Rona Bd. 37 (1926) S. 688.
[225b] MAUGERI, S.: zit. nach Rona Bd. 66 (1931) S. 495.
[225c] WATANABE, K.: zit. nach Rona Bd. 83 (1934) S. 654.
[226] ANITSCHKOW, S. W.: Pflügers Arch. Bd. 202 (1924) S. 139, Kanin-

Venen waren immer weniger empfindlich als die entsprechenden Arterien, die deutlich erweitert wurden[227].

Hirngefäße. Unter den Gefäßgebieten spielen die Veränderungen im Zentralnervensystem eine besondere Rolle, weil die Funktion des Zentralnervensystems von der Durchblutung abhängig ist. Schon am isolierten Froschhirn wurde bei Konzentrationen von 1:10000 eine Vermehrung der Zirkulation gefunden[228] Bei anderen Versuchstieren waren die Resultate nicht einheitlich. 5 mg/kg führten mit der Methode von HÜRTHLE bei Kaninchen (zwei Blutdruckmanometer in den beiden Teilen der durchschnittenen Karotis) zu einer vorübergehenden Erweiterung für ganz kurze Zeit und dann anschließenden Verengerung[229]. Die Verengerung macht sich vielfach bei kleinen Dosen bemerkbar[230]. Auch beim Hunde wurden nur kurz dauernde Dilatationen von einigen Minuten beobachtet[231]. Besonders gründliche Untersuchungen liegen an der Katze durch COBB und Mitarbeiter[232, 233] vor. Sie beobachteten ein Schädelfenster durch das Kapillarmikroskop. 0,05 g/kg Koffein intravenös erweiterten die Arterien der Pia schon während der Injektion, mit einem Maximum etwa 4½ Minuten nach der Injektion. Dann erfolgte die Rückkehr zur Norm im Verlauf der nächsten Stunde. Die Erweiterung der Piaarterien begann schon von 2,7 mg/kg ab. Während einer Äthernarkose erfolgte die Reaktion aber mehr im Sinne einer Verengerung, sie war also abhängig von der Ausgangslage des Tonus. [Diese doppelte Wirkung würde es erklären, daß Koffein und Kaffee sowohl auf Kopfschmerzen bei Migräne mit Anämie des Gehirns, als auch bei Urämie mit Blutfülle des Gehirns günstig wirkt (STEPP).] Auch bei niedrigem Blutdruck kam es bei allen Dosie-

---

chenohr Spitze abgeschnitten, von der Vene aus durchströmt, Konz. nicht angegeben.

[227] SZENT-GYOERGYI, V.: Arch. Schiffs- u. Tropenhyg. Bd. 24 (1920) S. 166. [228] SÁNDOR, G.: Pflügers Arch. Bd. 213 (1926) S. 492. Coff. natr. salicyl wirkte weniger als Koffeinbase. [229] KUEHN, I.: Aepp. Bd. 94 (1922) S. 74. [230] SHIROSHITA, R. und K. OMURA: zit. nach Rona Bd. 63 (1930) S. 214, von 50 mg/kg Coff. natr. benz. abwärts tritt mehr Verengerung ein. [231] BOUCKAERT, I. I. und F. JOURDAN: C. R. Soc. Biol., Paris Bd. 120 (1935) S. 257. [232] FINESINGER, I. E.: Arch. of Neur. Bd. 28 (1932) S. 1290. [233] FINESINGER, I. E. und S. Cobb: Arch. of Neur. Bd. 30 (1933) S. 980.

rungen zu einer Verengerung der Gefäßdurchmesser kapillarmikroskopisch gemessen. Diese Verengerung war auch nach Durchschneidung des Halssympathikus vorhanden und soll also nach Ansicht der Autoren nicht als eine Vasomotorenwirkung aufzufassen sein. Ebenso tritt vor dem Eintritt von Krämpfen eine Verengerung der Piagefäße ein[233], die aber selbst die Krämpfe nicht verursacht. Der Hirndruck nahm während der Gefäßerweiterung zu, etwa parallelgehend mit dem Vorhandensein eines ausreichenden Blutdrucks. Die Vermehrung des Hirndrucks ist nicht absolut eindeutig[233b].

Anscheinend herrschen ganz ähnliche Verhältnisse beim Innendruck des Auges bei hohen Koffeindosen. Während der Druck im Auge bei hohen Dosen sinkt, kommt es zu einer Steigerung, wenn der Blutdruck durch eine geeignete Vorrichtung konstant gehalten wird[234]. Deshalb wurde vor Kaffee bei Glaukom gewarnt (STEPP).

Die Verhältnisse der Gefäßweite im Zentralnervensystem wurden einer Prüfung am Menschen mit pulsierenden Schädeldefekten unterzogen[235]. Bei 0,45 g Koffein im Kaffee kam es zu kurzdauernden Verringerungen des Hirnvolumens nach einer vorübergehenden Vermehrung, also mehr Erscheinungen im Sinne einer Verengerung, die allerdings nur kurze Zeit anhielten. Der Blutdruck wurde während dieser Zeit nicht gemessen.

Die zweiphasische Wirkung wurde auch an durchströmten menschlichen Fingern und Zehen bei hohen Konzentrationen Koffein gefunden[236]. Vielleicht ist die Wirkung hier vorwiegend durch Beeinflussung der Kapillaren bedingt. Nach 0,4—0,5 g Coff. natr. salicyl. subkutan kam es zu einer vorübergehenden Verengerung der Kapillaren von 10 Minuten, die dann allmählich in einen Zustand mäßiger Erweiterung überging[237]. Beim Frosch ver-

---

[233a] Die Versuche von RICHET: C. R. Soc. Biol., Paris Bd. 85 (1921) S. 713 den Hitzschlag durch Koffein günstig zu beeinflussen brachte Erfolge. Allerdings sind die Resultate nach den Protokollen durchaus nicht gesichert.

[233b] BLAU, A.: Arch. int. Med. Bd. 57 (1936) S. 749.

[234] TAKANO, M.: zit. nach Rona Bd. 79 (1933) S. 232, Kaninchen 0,1 bis 0,01 g/kg.

[235] HEUPKE, W.: Z. exper. Med. Bd. 44 (1924) S. 198.

[236] ANITSCHKOW, S. V.: Z. exper. Med. Bd. 35 (1923), S. 43, Coff. 1:1000, 1 Versuch.

[237] NICKAU, B.: Erg. inn. Med. Bd. 22 (1922) S. 479.

hielten sich die Kapillaren ebenso[228]. Die Resorption von Flüssigkeiten nach subkutaner Quaddel oder aus der Bauchhöhle wird durch Koffein beschleunigt[238e], vielleicht infolge Vermehrung der Permeabilität[238f]. Auch bei lokaler Applikation ist dieselbe Erweiterung zu bemerken, sowohl am Gehirn[232] als auch bei der sonstigen Haut in den Versuchen von HEUBNER[238], nach denen sich auch die kleinen Arterien etwas erweitern. 1proz. Lösung führte nach 15—20 Minuten zu etwas Jucken, Ausbildung einer Quaddel, die sich leicht zurückbildete. Die Wirkung von Tuberkulin wird etwas verstärkt[238b]. Das Jucken, das zuweilen bei manchen Hauterkrankungen nach starkem Kaffee bestehen soll, besonders bei langem Genuß und auch zu Ausschlägen führen soll[238c], ist nicht auf diese Erscheinung zurückzuführen, sondern soll mit den Beiprodukten und nicht mit dem Koffein zusammenhängen[238d]. Wenn es zu einer Erweiterung der Hautkapillaren kommt, dann führt diese Erweiterung anscheinend nicht zu einer Vermehrung der Hauttemperatur, wie man aus den Versuchsprotokollen — nicht aus dem Text — von FAHLBUSCH[239] ersehen kann. Die Versuchsanordnung ist allerdings nicht überzeugend.

Die stärkste Erweiterung soll sich bei der Durchströmung der Nebennieren zeigen[240]. Auch die Milzgefäße von durchströmten Milzen des Hundes und des Menschen, auch nach Tod an Infektionskrankheiten[241] werden erweitert, ebenso der Schilddrüse[242a, 242b], während die Lebergefäße ganz unempfindlich sind[242].

---

[238] HEUBNER, W.: Aepp. Bd. 107 (1926) S. 129.
[238a] HEUBNER, W.: Klin. Wschr. 1923 S. 2037, auch an der Froschschleimhaut Gefäßerweiterung.
[238b] GROER, F. DE: C. R. Soc. Biol., Paris Bd. 86 (1922) S. 62.
[238c] RENON, L.: „Cafeisme Nouveau traite de Medizine" Fascicule VI. 1925 Paris. Verbot bei Ekzemen usw. (Stepp.) v. NOORDEN.
[238d] HANHART, E.: Dtsch. med. Wschr. 1937, II S. 1937.
[238e] LOEB: Medicine Bd. 2 (1923) S. 263.
[238f] ASHBEL, R.: zit. nach Rona Bd. 54 (1929) S. 292, Permeabilitätserhöhungen gegen Farbstoffe durch 0,1% Koffein, bei 0,01% Koffein schwächere Färbung als ohne Koffein: Radiolarien, Coelenteraten, Tunicaten, Holoturiendarm.
[239] FAHLBUSCH, W.: Dermat. Wschr. Bd. 105 (1937) S. 921.
[240] SCHKAWERA, G. L. und A. I. KUSNETZOW: Z. exper. Med. Bd. 38 (1923) S. 37, Koffein in Konzentration von 1:1000 bis 1:5000.
[241a] SCHKAWERA, G. L.: Z. exper. Med. Bd. 34 (1923) S. 307.
[241b] SCHKAWERA, G. L.: zit. nach Rona Bd. 14 (1922) S. 287.

Mit diesen Bemerkungen haben wir jetzt einen Überblick gegeben über die verschiedenen Punkte, an denen im System des Kreislaufs die Koffeinwirkung angreifen kann. Wir sehen, daß der Herzmuskel eine bessere Fähigkeit zur Arbeitsleistung bekommt, daß entsprechend dieser Fähigkeit die Koronargefäße erweitert werden, so daß auch für seine Ernährung ausreichend Sorge getragen ist. Die Blutdrucksteigerung ist — falls überhaupt vorhanden — geringfügig. Und doch wissen wir, daß gerade vom Herzen unangenehme Sensationen ausgehen können, wenn irgendwelche Intoxikationen auftreten. Man berichtet über Herzklopfen, Blutandrang zum Kopf mit Kopfschmerzen (s. K. B. Lehmann[30]), Druck auf der Brust. Als objektive Beobachtung sieht man meistens Pulsfrequenzverminderung, als Zeichen eines zentralen Vagusreizes mit gleichzeitiger vermehrter Ansprechbarkeit der reizaufnehmenden Organe. Bei großen Dosierungen kommt es zu Pulsfrequenzsteigerung, bedingt durch vermehrte periphere Reizbildung. Wenn wir die Symptome übersehen, finden wir, daß sie meist nervöser Art sind, ausgehend vielleicht von der vermehrten Reizbildung. Solche Erscheinungen sind bei sehr hohen Dosierungen zu erwarten. Stepp berichtet, daß er beim Probefrühstück nach Katsch auf 0,18 g Koffein niemals solche Erscheinungen bemerkte, obwohl er über ein Material von vielen Tausend Fällen verfügt, die dazu als Kranke noch besonders empfindlich waren. Berglund[243] sah selbst bei intravenöser Injektion von 0,1 bis 0,8 g reinen Koffeins keine Symptome bei 7 Versuchspersonen, Means und Mitarbeiter[244] bei 9,6 mg/kg ebenso wenig bei peroraler Gabe. Grollmann[245] fand selbst bei 0,97 g Koffein keine andere Wirkung als etwas Ängstlichkeit. Wir werden auch späterhin Do-

---

[242] Lampe, A. und I. Mehes: Aepp. Bd. 119 (1926) S. 73, Katzenleber 0,1—0,05%.

[242a] Schkawera, G. und L. Kotschergin: Z. exper. Med. Bd. 45 (1925) S. 143. Hund, keine Dosen.

[242b] Malow, G.: Pflügers Arch. Bd. 208 (1925) S. 335, Hund, Konz. 1:1000 bis 1:10000. Die ausfließende Flüssigkeit besitzt eine sensibilisierende Wirkung für Adrenalin.

[243] Berglund, H. und B. Lundh: Acta med. scand. (Stockh.) Bd. 86 (1935) S. 216.

[244] Means, I. H., S. C. Aube und E. F. Dubois: Arch. int. Med. Bd. 19 (1917) S. 832.

[245] Grollmann, A.: J. Pharmacol. Bd. 39 (1930) S. 313.

sierungen dieser Größenordnung ohne Nebenerscheinungen in der Literatur in zahlreichen Arbeiten angegeben finden. Von einer schweren Kaffeevergiftung berichtet KRETSCHMER[246] nach 0,5 g Koffein nach vorheriger Entwöhnung. Pulse bis 150 traten hier auf. Die Wichtigkeit der Aufnahmegeschwindigkeit zeigt uns ein Befund von HEUPKE[235]. Von seinen zwei Patienten erhielt einer 0,1 g Coff. natr. benz. intravenös und reagierte mit Herzklopfen, obwohl in diesem Falle — nebenbei angemerkt — der Puls von 70 auf 60 sank, und mit Druck auf der Brust. Dieselbe Dosis intramuskulär verabfolgt verursachte gar keine Beschwerden. Die Zahl solcher Angaben könnte noch beträchtlich vermehrt werden.

An dieser Stelle möchten wir noch einmal auf unsere Sportversuche zurückkommen. Bei sehr starker, bis zur völligen Erschöpfung betriebenen Arbeit wurde neuerdings in manchen Fällen von MARZAHN[247] das Auftreten bestimmter Veränderungen im Elektrokardiogramm beobachtet. Von diesen Veränderungen will ich hier das Auftreten von Extrasystolen erwähnen und hinzusetzen, daß bei Leuten, die vorher Extrasystolen hatten, diese durch Arbeit wiederum verschwanden. Immerhin werden wir die Möglichkeit zugeben, daß die Tendenz zu heterotoper Reizbildung aus irgendeinem Grunde gegeben ist, und diese Reizbildung kann sich nun vielleicht kombinieren mit einer ähnlichen Wirkung, die wir nach Koffein für möglich gehalten haben. Ich führe diese Möglichkeit an und möchte gleich erwähnen, daß wir bei unseren 75 Versuchspersonen nach starker sportlicher Anstrengung und dauernder Kontrolle kein Zeichen von Herzklopfen oder Sensationen vom Herzen her gesehen haben. Diese Dosis würde in der Praxis des Kaffeetrinkens, auf einmal gegeben, wohl kaum ihr Analogon finden. Schließlich müssen wir uns darüber doch klar sein, daß bei Menschen, die mit solch unangenehmen Symptomen auf Kaffeetrinken reagieren ein Vermeiden dieses Genußmittels ohne weiteres möglich ist, zumal keine Sucht oder Entziehungssymptome auftreten. Zu diesen gehören diejenigen mit vermehrter Aktivität der Schilddrüse (Basedow und Hyperthyreoidismus). Für die ertragene Dosis ist wichtig die Tonuslage des autonomen Systems (STEPP, DREIKURS). Mit diesen Bemerkungen haben wir eine gewisse Grenze gesetzt für das Vorkommen irgendwelcher un-

---

[246] KRETSCHMER, W.: Med. Welt 1936, I S. 232.
[247] MARZAHN, H.: Z. klin. Med. Bd. 130 (1936) S. 135.

angenehmer Sensationen, unterhalb derer beim Gesunden keine Erscheinungen auftreten, wahrscheinlich treten solche meistens erst bei viel größerer Dosierung auf. Bei gleichzeitigem Rauchen werden natürlich neue Verhältnisse geschaffen, wie das Rauchen bzw. das Nikotin viel schwererwiegende Folgezustände mit sich bringt, weshalb ja das Rauchen beim sportlichen Training auch streng verboten ist. GROLLMANN sagte bei seinen Versuchen über Kaffee und Nikotin, daß das Rauchen einer einzigen Zigarette bedeutendere Einwirkung auf den Kreislauf habe, als die größten von ihm gegebenen Koffeinmengen, nämlich 0,6—0,9 g.

Niere.

Nachdem wir so die Kreislaufgebiete einzeln durchgesprochen haben, kommen wir jetzt zur Niere, deren Blutversorgung wir bisher übergangen haben, weil sie mit der Funktion des Organes sehr viel stärker gekoppelt ist als bei den anderen Organen.

Es ist schon lange bekannt, daß die Erweiterung der Nierengefäße auf sehr viel kleinere Koffeindosen einsetzt, als die der anderen Gefäße, die letzten Endes alle erweitert werden können. Es handelt sich dabei ebenso um einen direkten muskulären, nicht über den Sympathicus laufenden Angriff, wie Versuche an Nieren nach vorheriger Durchschneidung und Degeneration der sympathischen Nerven zeigten[248], wobei natürlich die Frage offen steht, ob die sympathischen Nerven wirklich degeneriert sind, da wir immer mit zwischengestreuten Ganglienzellen rechnen müssen. Aber auch nach Durchströmung mit Chinin, das die Wirkung von Adrenalin unwirksam machte, war die erweiternde Wirkung des Koffeins nachweisbar. Ebensowenig hatte einfache Durchschneidung der Nerven eine Änderung im Gefolge[248a]. Man hat diese Gefäßerweiterung auf dem Umwege über eine Vermehrung des Nierenvolumens am operierten Tier gemessen. Aber auch am Hunde, dessen Nieren in ein besonders eingeheiltes Onkometer eingeschlossen wurden, wobei also Versuche ohne Narkose möglich waren, wurden solche Erweiterungen mit einem Maximum von $1\frac{1}{2}$—2 Stunden festgestellt[249].

---

[248] OKADA, M.: zit. nach Rona Bd. 48 (1928) S. 709.
[248a] KUSAKARI, H.: zit. nach Rona Bd. 60 (1930) S. 595.
[249] REID, W. L.: Amer. J. Physiol. Bd. 90 (1929) S. 157, keine Dosierung angegeben, doch erfolgte eine vorübergehende kurze Blutdrucksenkung, woraus man auf eine hohe Dosierung schließen kann.

Die Annahme, daß die vorhandene Diurese ausschließlich mit einer Veränderung der Durchströmung verbunden sein müsse, ist nicht richtig, denn schon in den Versuchen von CUSHNY[250] setzte die Diurese früher ein als die Gefäßerweiterung und hörte später auf. Aber sie ist auch wesentlich unabhängig vom Blutdruck[251] neben der sonstigen Zirkulationsgröße, wenn man auch selbstverständlich keine völlige Unabhängigkeit erwarten darf. Im Gegenteil wurden wieder neue Wege gesucht, um die ganzen Erscheinungen unter den Gesichtspunkt des Kreislaufs und Blutdrucks zu bringen. Dazu stehen mehrere Wege offen. Durch Koffein kann die Zahl der bei der normalen Nierenfunktion ruhenden Glomeruli zunehmen. Dadurch, daß ein Teil der Glomeruli, der sonst kein Blut durchläßt, unter der Koffeinwirkung plötzlich frei wird für den Blutdurchlaß, ergibt sich eine Vermehrung der filtrierenden Fläche. Auf diese Weise ließe sich nach RICHARDS[252] der diuretische Effekt erklären. Das wurde noch außerdem durch Vitalfärbung bei Injektionen von Farben (z. B. Janusgrün B) in die Aorta gezeigt. Diese Farbe ging nur in die Glomeruli, die am Kreislauf teilnahmen, und so konnte eine Vermehrung nachgewiesen werden[253]. Wenn aber neue Glomeruli offen sind, dann müßte man eine vermehrte Durchblutung erwarten, also doch der vorher abgelehnte Zusammenhang bestehen. Die Diskrepanz wird durch Untersuchungen von VERNEY[254] am Herz-Lungen-Nieren-Präparat des Hundes zu überbrücken versucht. Er zeigte sogar, daß bei koffeinunempfindlichen Nieren ein besonders hoher Blutdurchfluß vorhanden ist, daß eine gewisse Hemmung des Durchflusses zur Koffeinwirkung notwendig ist. Diese Hemmung wird in die Vasa efferentia verlegt, durch deren Verengerung der Druck in den Glomeruli hochgehalten wird, der ja zur Filtration und zur Überwindung des kolloidosmotischen Druckes der Eiweißkörper notwendig ist. Konzentrationen von 1:25000 im Blut waren notwendig zur Diu-

---

[250] CUSHNY, A. R. und C. G. LAMBIE: J. Physiol. Bd. 55 (1921) S. 276.
[251] MIWA, M., B. WADA, T. IDA und T. IDZUMI: zit. nach Rona Bd. 65 (1931) S. 120.
[252] RICHARDS und SCHMIDT: Amer. J. Physiol. Bd. 71 (1924) S. 178.
[253] HAYMAN, J. M. und I. STARR: J. exper. Med. Bd. 42 (1925) S. 641, das Gegenteil wurde beobachtet bei Kaninchen (vgl. Anmerkung 257b), wo die Tubuli durch Indigocarmin angefärbt wurden und nicht die Glomeruli vermehrt durchgängig.
[254] VERNEY, E. B. und F. R. WINTON: J. Physiol. Bd. 69 (1930) S. 153.

rese, höhere Konzentrationen führten zur Hemmung der Diurese, die auch von anderen beim Hunde schon bemerkt, aber von WALLACE und PELLINI[255] auf extrarenale Faktoren zurückgeführt wurde, die hier am Starling-Präparat aber keine Rolle spielen können.

Von anderen Autoren wurde auch am Hunde selbst bei großen Dosen eine gute Diurese erzielt, wenn nur genügend für Flüssigkeitszufuhr in der Nahrung[255a] oder vor dem Versuch evtl. mit Alkohol zusammen[255b] Sorge getragen wurde. Davon war auch die Kochsalzausscheidung abhängig. Extrarenale Faktoren spielen demnach eine wichtige Rolle, wie wir später noch ausführlicher sehen werden. VERNEY konnte ähnliche Erscheinungen der Diurese hervorrufen durch einfache Steigerung des Drucks bei der korrespondierenden, nicht mit Koffein behandelten Niere. Solche Koinzidenz kann natürlich ohne weiteres zufällig sein, besonders am Starlingschen Präparat. In Versuchen von GREMELS[256] an demselben Präparat fand sich nun, daß die Diurese, die auch Kochsalz betraf, nach 20 Minuten vorüberging bei Zusatz von 0,04 g Coff. natr. salicyl., daß aber durch neuerlichen Zusatz der alte Effekt erreicht werden konnte. Schwierigkeiten macht die Tatsache, daß während der Koffeinwirkung der Sauerstoffverbrauch der Niere beträchtlich ansteigt bis über 100% nach 0,1 g Koffein. Aber es ist die Frage, ob dieser vermehrte Sauerstoffverbrauch wirklich auf die diuretische Arbeit zurückzuführen ist, da doch bilanzmäßig diese Arbeit beim Gesamtsauerstoffverbrauch eine verschwindende Rolle spielt, oder ob andere Faktoren eintreten, weil die Konzentrationen bei GREMELS[257] auf Zusatz von 0,1 g Koffeinbase beträchtlich sein müssen. Doch fanden andere Autoren[257a, 257b] am ganzen Kaninchen durch größere Dosierungen

---

[255] WALLACE, G. B. und E. J. PELLINI: J. Pharmacol. Bd. 29 (1926) S. 397.
[255a] PREOBRASCHENSKY, A.: Aepp. Bd. 132 (1928) S. 330.
[255b] MOSONYI, J. und P. GOEMOERI: Aepp. Bd. 124 (1927) S. 73.
[256] GREMELS, H. Aepp. Bd. 130 (1928) S. 61.
[257] GREMELS, H.: Klin. Wschr. 1928, II S. 1791, auch vermehrte Ausscheidung von Kochsalz und Harnstoff.
[257a] ANSELMINO, K. J.: Pflügers Arch. Bd. 221 (1929) S. 633, fand an der nach WARBURG untersuchten Mäuseniere keine Steigerung des O_2-Verbrauchs in Konz. von 1:25000; 1:5000 führten zur Hemmung der Atmung.
[257b] TASHIRO, KASANU und H. ABE: zitiert nach Rona Bd. 15 (1922) S. 162 u. 163.

eine Verminderung des Sauerstoffverbrauchs, was logischer zu sein scheint nach unseren Vorstellungen über die Nierenfunktion.

Die Unabhängigkeit der Durchströmung von der Stärke der Diurese wurde auch an der Froschniere beobachtet[258], [259]. An der Froschniere fällt allerdings, wenn sie isoliert durchströmt wird, das Ansteigen des kolloidosmotischen Drucks im Moment der Abpressung des Urins fort. In Übereinstimmung mit den Vorstellungen von VERNEY wurde auch hier die Zahl der durchströmten Glomeruli vermehrt, aber teilweise wurden die Glomerulischlingen nur erweitert, ohne daß eine vermehrte Durchströmung zustande kam. Wiederholte Gaben von Koffein an demselben Präparat führten immer wieder zu neuerlichen gleichen Erfolgen. Die Diurese dauerte manchmal länger an, als Koffein noch vorhanden war[260]. Bei dieser Nachwirkung konnte zu gleicher Zeit eine Verlangsamung des Durchflusses vorkommen. Jedoch ist der Angriff an den Glomerulis in der Froschniere deswegen leichter darzutun, weil hier durch die anatomische Art der Blutversorgung eine durchtrennte Durchblutung von Glomerulis und Tubulis möglich ist. Konzentrationen von 1:250000 bis 1:100[261] führten zu einer guten reversiblen Diurese. Die ganz hohen Konzentrationen führten schließlich auch bei Durchströmung der Tubuli zu vermehrtem Harnfluß, doch wurde das dadurch erzwungen, daß bei diesen hohen Konzentrationen schon kleine Mengen von Koffeinlösung, die durch Komissuren zu den Glomerulis kamen, dort wirksam wurden. Die Diurese konnte sich selbst bei Vergiftung der Glomeruli durch Blausäure durchsetzen, wobei es aber nicht ganz erfindlich ist, was bei einfachen Filtrationsvorgängen der Sauerstoff zu suchen hat. Nach Vergiftung der Tubuli mit Blausäure ist aber die Wirkung der Glomeruli voll erhalten[262]. An der Krötenniere wurden diese Verhältnisse nicht bestätigt[263].

Wenn eine vermehrte Aktivität der Glomeruli als maßgebliche

---

[258] BRUEHL, H.: Pflügers Arch. Bd. 220 (1928) S. 380, 1:25000.

[259] HARTWICH, A.: Aepp. Bd. 111 (1926) S. 206, 1:250000 keine Vermehrung des Durchflusses, aber der Diurese, 1:100000 beginnt die Durchflußsteigerung, die Steigerung der Diurese ist nicht entsprechend.

[260] SCHMIDT, R.: Aepp. Bd. 95 (1922) S. 267.

[261] WOHLENBERG, W.: Pflügers Arch. Bd: 218 (1928) S. 448.

[262] MASUDA, T.: Biochem. Z. Bd. 175 (1926) S. 8, Coff. natr. salicyl. 1:500000.

[263] TADA, S. und K. SAITO: zit. nach Rona Bd. 56 (1930) S. 620.

Ursache der Koffeindiurese angenommen wurde, dann mußte — nach unseren heutigen Vorstellungen — sich auch die vermehrte Filtration am Menschen und am Versuchstier nachweisen lassen. Am Hunde wurden Versuche in der Richtung durch SAGER[264] durchgeführt mit 13,2 mg/kg Koffein. Den Hunden wurde vor dem Versuch Sulfat durch Infusion beigebracht. Aus den Beziehungen zwischen Konzentration des Sulfats im Blutserum und im Urin zugleich mit der Urinmenge, mußte man bei Annahme einer ausschließlichen Filtration des Sulfats die Menge des Primärharns feststellen können. SAGER fand keine vermehrte Filtration, ja nahm sogar eine erhöhte Rückresorption von Chloriden durch Koffeinwirkung an. Ebensowenig gelang am Menschen dieser Nachweis in den Versuchen von BERGLUND[243] mit vorher zugeführtem Kreatinin als Bezugskörper. Hier wurden Dosierungen von 0,1—0,9 g gegeben, fünfmal ein Anstieg, viermal eine Verminderung der Diurese gefunden, der Primärharn war sechsmal vermindert, dreimal erhöht. Wir werden diese Versuche durchaus noch nicht für abgeschlossen halten, denn in den Versuchen an Hunden wurde eine nichtübliche Wirkung erzielt. In der zweiten Versuchsreihe am Menschen von BERGLUND wurde bei Euphyllin, dem wir im allgemeinen eine ähnliche Wirkung auf die Niere zuschreiben, die vermehrte Glomerulusfiltration gefunden.

Aber selbst wenn die ausstehenden Befunde gegeben wären, dann wäre damit noch nicht die einzige Möglichkeit des Koffeinansatzes dargetan, weil wir damit vielleicht die vermehrte Flüssigkeitsmenge, nicht aber die vermehrte Ausscheidung von festen Substanzen verständlich machen können. Wir werden die Vorstellungen von SOBIERANSKI[376] über Hemmung der Rückresorption durchaus noch für wesentlich halten. In diese Gruppe gehört die Ausscheidung der Chloride, die auf Koffein vermehrt ist.

Am genauesten sind diese Verhältnisse untersucht beim Harnstoff. Der Quotient: ,,Harnstoff im 1 Std.-Urin/Harnstoff im Serum in mg%" war in den Versuchen von ADDIS und DRURY[265] in weitem Bereich nicht zu beeinflussen bei ganz verschiedenen Wasserdiuresen. Bei Zusatz von Koffein zu 500 ccm Wasser stieg

---

[264] SAGER, B.: Aepp. Bd. 153 (1930) S. 331.
[264a] GEORGE, H., E. H. SCHWAB, I. A. ALVAREZ und M. E. CATE: Proc. Soc. exper. Biol. a. Med. Bd. 30 (1933) S. 1375, Untersuchungen von Xylose, Kreatin und Sulfat bei Theophyllin.

das Verhältnis in den ersten vier Stunden von 46,8 der Norm auf die Werte 49,8; 54,5; 57,1; 56,7. Der Zusatz betrug 0,4 g Koffein. Ähnliche Wirkungen wurden in Selbstversuchen von POLLAND [265a] gefunden. Der Autor nahm 12 Stunden vor dem Versuch keine Nahrung zu sich, bei Beginn des Versuchs nahm er 20 ccm/kg Wasser mit je 0,25 g Harnstoff zu sich, so daß eine Diurese entstand, die durch kein Diuretikum mehr gesteigert werden konnte, weil die maximale Aktivität der Niere schon erreicht war. 4 mg/kg Koffein vermehrte den Quotienten um 10%, 10 mg/kg wirkten noch stärker, nach 16 mg/kg war keine weitere Steigerung mehr über die 10 mg Dosis hinaus zu erzielen. Beim Hunde [266] gab es ähnliche Resultate nach 5 mg/kg Koffein, aber sie waren nicht immer zu reproduzieren, in fast der Hälfte der Versuche wurde sogar eine geringe Verschlechterung gefunden, vielleicht rückführbar auf eine Vasokonstriktion. Bei der zweiten Injektion war, wenn eine Wirkung beim ersten Male erzielt wurde, auch jetzt eine Wirkung nachzuweisen, aber sie war schwächer. Vielleicht spielte die Veronalnarkose bei diesen Resultaten eine Rolle.

Ebenso unsichere Resultate wurden in anderen Versuchen erhalten, wo Koffein im Anschluß an eine Sulfatdiurese verabreicht wurde [267]. Daraus, daß die Erfolge auch nach anderen Diuresen auftraten, wurde auf eine aktive Sekretion der Nierenzellen geschlossen. Auch Kalzium wird nach Koffein vermehrt ausgeschieden, aber anscheinend nur dann, wenn nicht genügend Kochsalz zur Verfügung steht [268], im Blut wird der Gehalt zugleich vermindert [275a]. Während der Diurese kommt es anscheinend zu einer vermehrten Ausfuhr von Alkalien [269]. Diese Ausfuhr ist nicht bedingt durch die vermehrte Ventilation und eine Verschiebung der Wasserstoffionenkonzentration nach der alkalischen Seite, denn auf 0,4 g Koffein [270] sank die Alveolarspannung für zwei Stunden von 44 auf 40 mm CO_2, die Alkalität des Urins stieg von einem p_H

---

[265] ADDIS, T. und DRURY: J. biol. Chem. Bd. 55 (1923) S. 629.
[265a] SCOTT POLLAND, W.: Amer. J. Physiol. Bd. 85 (1928) S. 141.
[266] BOURQUIN, H.: Amer. J. Physiol. Bd. 69 (1924) S. 1.
[267] BOURQUIN, H. und N. B. LAUGHTON: Amer. J. Physiol. Bd. 74 (1925) S. 436, Hunde, deren Nieren vorher denerviert waren 0,5—1,0 mg/kg Koff.
[268] RACHMILEWITZ, M. und E. STRANSKY: Aepp. Bd. 158 (1930) S. 129, 0,2 g/kg Coff. natr. benz. bei Kaninchen.
[269] PANNEWITZ, G. VON: Z. urol. Chir. Bd. 15 (1924) S. 227.
[270] ENDRES, G.: Biochem. Z. Bd. 132 (1922) S. 220.

von 5,4 auf über 7,0, doch dauerte dieser Anstieg 13 Stunden lang. Inwieweit bei der Alkalität auch eine vermehrte Ammoniakbildung der Niere eine Rolle spielt, ist nicht untersucht, außer bei einem Patienten von VEIL[275b] der auf 0,6 g Koffein wohl vermehrtes Alkali, aber kein vermehrtes NH_3 fand. EMBDEN fand in einer Niere, die während einer Theobromindiurese zur Analyse verarbeitet wurde, eine Abnahme der NH_3-liefernden Substanz[271].

Wir kommen jetzt noch auf die Ausscheidung pathologischer Bestandteile im Urin. Hier stehen zuerst die Befunde von BERGLUND[243], die an nierenkranken Patienten auf eine Gabe von 0,7 g Koffein intravenös keine Vermehrung der Eiweißmenge im Urin ergaben. Theobromin lag in dieser Hinsicht etwas ungünstiger. Auch bei Injektion von artfremden Eiweiß und bei Nephritis nach Uran, Chrom usw.[272] führte Koffein nicht zu einer vermehrten Eiweißausscheidung im Urin, wohl aber Theobromin.

Histologische Veränderungen in den Nieren wurden trotzdem gefunden, z. B. in den Versuchen von TOCCO-TOCCO[273, 274]. Auch früher hatte VINCI[275] an Kaninchen und Hunden Nierenveränderungen gefunden, die auch zu Eiweißausscheidung im Urin geführt haben. Die Veränderungen, bei schwer toxischen Dosen gefunden, sind wenig charakteristisch. Ähnliche Veränderungen wurden bei Kaninchennieren von MASSENGA[276] berichtet. Dieser Autor bezog die Veränderungen bei seinen Tieren nicht auf das Koffein, sondern auf die ätherischen Öle und anderen Produkte im Kaffee und Tee. Diese Verhältnisse sind so häufig und von den verschiedensten Autoren untersucht worden, daß es merkwürdig ist, daß solche Befunde immer ausschließlich an einzelnen Stellen und immer in demselben Institut vorkommen. Es wird sich wohl darum handeln, daß unzureichende Kontrollen eine Rolle spielten oder latente Stallinfektionen durch schwer toxische Koffeindosen provoziert

---

[271] EMBDEN, G. und SCHUMACHER: Pflügers Arch. Bd. 223 (1929) S. 487.
[272] AKUTSU, T.: zit. nach Chem.-Ztg. Bd. 1930, I S. 3071.
[273] TOCCO-TOCCO, L.: Arch. Farmacol sperm. Bd. 38 (1924) S. 258.
[274] TOCCO-TOCCO, L.: Arch. Farmacol. sperm. Bd. 38 (1924) S. 268.
[275] VINCI: zit. nach MYERS: J. Pharmacol. Bd. 23 (1924) S. 472.
[275a] HAZARD, R. und C. VAILLE: Bull. Soc. Chim. biol. Paris Bd. 16 (1934) S. 235. Kaninchen.
[275b] VEIL, W. H. und W. GRAUBNER: Aepp. Bd. 117 (1926) S. 208.
[276] MASSENGA: Trans. jap. path. Soc. Bd. 23 (1933) S. 207.

wurden (s. zur Ergänzung [277]). Solche histologischen Befunde sind auch nicht vereinbar mit der Tatsache, daß die Purine auch bei Nierenkranken ohne Schaden gegeben werden können.

Im allgemeinen kann die diuretische Wirkung des Kaffees dem Koffein zugeschrieben werden [56]. Zur Beurteilung wollen wir jetzt hier noch kurze Angaben anführen über die Dosierung, die zu einer diuretischen Wirkung notwendig ist. Bei Kaninchen wurde die diuretische Dosis mit 0,8 mg/kg von KIHARA [278], mit 0,6 mg/kg nach MYERS [279] angegeben. Das ist genau dieselbe Dosis, die auch beim Menschen diuretisch wirkt. Wieder einmal können wir also feststellen, daß die Empfindlichkeit von Mensch und Tier durchaus nicht verschieden ist. Eine Ausnahme macht der Säugling, der sehr viel unempfindlicher zu sein scheint. Bei Dosierungen von zweimal 0,02 g Koffeinbase, für Säuglinge im Gewicht von 4—8 kg war von VOLLMER [280] keine Diurese festgestellt worden. Durch BAUMECKER [281] wurde diesen Versuchen der an sich berechtigte Vorwurf gemacht, daß solche Diurese in kurzem Zeitraum abgeschlossen sei und dann eine Einsparung auftreten könne. Aber trotzdem sah er bei derselben Dosierung nur einmal einen deutlichen, beim zweiten Mal kaum einen Einfluß. Die Größe der Schwankungen, die wohl in der Methodik liegen, hindern auch daran, in den Versuchen von HECHT und NOBEL [282] eine Wirkung zu erkennen.

Die bisher dargelegten Wirkungen des Koffeins auf die Diurese beschränken sich ausschließlich auf seinen renalen Angriffspunkt. Dieser wird auch vor allem zu berücksichtigen sein, aber trotzdem ist der eintretende Effekt ganz wesentlich abhängig von dem Zustand des sonstigen Organismus.

Extrarenale Wirkung. Ausgehend von der Notwendigkeit der primären Flitration in den Glomerulis, wurden die Änderungen des kolloidosmotischen Druckes untersucht. Bei Senkung dieses Druckes war eine primäre vermehrte Filtration zu erwarten, weil damit die

---

[277] ACHARD, CH., J. VERNE, M. BARIETY und E. HADJIGEORGES: C. R. Soc. Biol., Paris Bd. 112 (1933) S. 155, bei Hunden auf Theobromin in längeren Dosierungen von 1—2 g täglich Untersuchung über die Art der Fettfärbung, Änderungen der Feulgenfärbung in der Henleschen Schleife.

[278] KIHARA, G.: zit. nach Rona Bd. 48 (1928) S. 135.

[279] MYERS, H. B.: J. Pharmacol. Bd. 23 (1924) S. 465.

[280] SEREBRIJSKI, J. und H. VOLLMER: Aepp. Bd. 106 (1925) S. 306.

[281] BAUMECKER, W.: Mschr. Kinderheilk. Bd. 36 (1928) S. 193.

[282] HECHT, A. F. und E. NOBEL: Z. exper. Med. Bd. 34 (1923) S. 213.

Widerstände der Filtration absinken. Zum mindesten hätte die Wasserdiurese damit eine extrarenale Erklärung gefunden. Dieser Druck wurde von KYLIN [283, 284] beträchtlich erniedrigt gefunden für eine Reihe von Stunden und auf extrarenale Vorgänge zurückgeführt, weil sie auch am nephrektomierten Kaninchen nachgewiesen wurde[284]. Abgesehen davon, daß diese Resultate keine Nachprüfung erfahren haben, werden wir darauf hinweisen, daß eine Hydrämie z. B. beim Wassertrinken zur Diurese nicht ausreicht. In derselben Zeit, wo diese Änderungen von KYLIN verlaufen, ändert sich der Quotient: Albumin/Globulin im Serum des Kaninchens zweiphasisch. Zuerst sinkt er für $1\frac{1}{2}$ Stunden. Wie sich diese Resultate vereinbaren lassen, ist unklar, wenn man nicht den Grund in der verschiedenen Dosierung und der verschiedenen Zufuhrart sehen will, denn in diesen Versuchen werden Dosierungen von 0,05—0,3 g/kg intramuskulär verabfolgt[285]. Der Verlust an Chlorid und Wasser wird beim Kaninchen zuerst und kurzdauernd aus der Muskulatur, auf die Dauer aber nur durch die Haut gedeckt[286]. Beim Hunde kann der Prozeß entgegengesetzt verlaufen.

In den Versuchen von WALLACE [255] war die Verminderung der Wasser- und Salzausscheidung nicht durch eine mangelhafte Funktion der Niere verursacht, denn die Ausscheidung von Phenolsulfonphthalein und Harnstoff erfolgte wie normal, sondern in einer Salzverschiebung in die Gewebe. Ein Teil der unsicheren Resultate beim Hunde findet damit ihre Erklärung. Aber trotz Hydrämie [287] kann die Diurese ausbleiben, wahrscheinlich bedingt durch eine zentral ausgelöste vasokonstriktorische Wirkung. Diese verursacht vermutlich auch die Unsicherheit im diuretischen Erfolg beim Menschen (s. o.). Die vermehrte Harnstoffausscheidung wird teil-

---

[283] KYLIN, E.: Aepp. Bd. 164 (1932) S. 33, Kaninchen 10—30 mg/kg intrakardial. Euphyllin bewirkt Erhöhung des kolloidosmotischen Druckes.

[284] KYLIN, E.: Aepp. Bd. 164 (1932) S. 621, auch hier wirkt Euphyllin merkwürdigerweise in entgegengesetzter Richtung, 5 mg/kg Coff. intrakardial erniedrigte den kolloidosmotischen Druck von 284 auf 211 mm Wasser in $4\frac{1}{2}$ Stunden.

[285] SZELÖCZEY, J. und J. SÁRKÁNY: Biochem. Z. S. 217 (1930) S. 218.

[286] SAKATA, S.: Aepp. Bd. 105 (1925) S. 11, Versuch mit Diuretin 0,08 g intravenös.

[287] UNDERHILL, F. P. und G. T. PACK: Amer. J. Physiol. Bd. 66 (1923) S. 520.

weise begleitet von einer leichten primären Vermehrung des Harnstoffs im Blut[288], während große Dosen zu einer Verminderung führen. Auch bei Menschen wurde die Abhängigkeit der Diurese von dem Gehalt des Organismus an Wasser und Salz bewiesen[289]. 0,5 g Koffein führten beim Dursten und bei kochsalzfreier Ernährung zu einer minimalen Diurese, während bei Zufuhr von Flüssigkeiten und Kochsalzlösung eine beträchtliche Vermehrung der Ausscheidung erreicht wurde. Die Kochsalzausscheidung wird auch durch Gaben von Pituitrin nicht unterdrückt, sondern nur diejenige von Wasser.

Zentraler Angriffspunkt. Diese letzten Bemerkungen führen uns zu einem weiteren Kapitel unserer Untersuchung über die Ursache der Koffeindiurese. Diese wird ausschließlich zentral durch PICK und seine Schule vermutet. Die Behauptungen werden belegt durch das Aufhören der Koffeinwirkung nach Zerstörung der regio hypothalamica[290]. Die Diuresehemmung durch Hypophysenextrakt ließ sich beim Hund durch Koffein nicht durchbrechen[291], während konzentrierte Kochsalzlösung wirksam blieb. Die Hypophyse soll aber zentral angreifen. Durch Zwischenhirnnarkose, besonders Chloreton[292] aber ebenso Luminal[293] wird die Diurese gehemmt und zwar vielfach schon in nicht schlafmachenden Dosen. Daß die Hypophysenextrakte ausschließlich peripher angreifen, ist als sicher in der Zusammenfassung von VERNEY auf der Pharmakologentagung in München 1935 dargestellt.

Physikalisch-chemische Faktoren. Eine weitere Gruppe von Untersuchungen arbeitet bei der Erklärung der Diurese mit einer primitiv-physiko-chemischen Nomenklatur, die sich allgemein um die Ausdrücke Quellung und Entquellung dreht. Begonnen von

---

[288] TASHIRO, K.: zit. nach Rona Bd. 36 (1925) S. 499.
[289] LIE, E.: Amer. J. Physiol. Bd. 92 (1930) S. 619.
[290] MEHES, J. und H. MOLITOR: Aepp. Bd. 127 (1928) S. 319, bei Kaninchen und Hunden.
[290a] MEHES, J. und H. MOLITOR: Wien. klin. Wschr. Bd. 39 (1926) S. 1448, bei Tieren, bei denen nicht mehr durch Hypophysin eine Einschränkung der Diurese verursacht wurde, konnte Koffein auch keine Wirkung mehr entfalten.
[291] MOLITOR, H. und E. P. PICK: Aepp. Bd. 101 (1924) S. 169.
[291a] MOLITOR, H. und E. P. PICK: Wien. klin. Wschr. Bd. 35 (1922) S. 389, bei Fröschen hat Koffein nur geringe Diurese im Gefolge.
[292] MOLITOR, H. und E. P. PICK: Biochem. Z. Bd. 186 (1927) S. 130.
[293] NYARY, A. VON: Aepp. Bd. 162 (1931) S. 565.

ELLINGER[294], der eine bessere Ultrafiltration fand nach Koffeindarreichung mit einer gewagten Methode, wurde auch von anderen[295] gefunden, daß Kollodiummembranen durch Koffein durchlässiger werden, teilweise mit Konzentrationen von 0,1% Koffein erst nachgewiesen[296]. Teilweise wurde auch die Herabsetzung der Viskosität verantwortlich gemacht[297], aber das Vorkommen der Viskositätsverminderung nicht bestätigt[297a]. Auch die sonstigen Versuche ließen sich in genaueren Darlegungen von FALUDI[298] nicht bestätigen. Es wurde sogar erklärt, daß das positive Resultat einfach durch Nichtbeachtung der Wasserstoffionenkonzentration und der Aziditätsverhältnisse zustande gekommen sei[299].

Eine Entquellung von Kolloiden wurde gefunden von SZELOSZEY[300]. Von anderer Seite wurde durch 2proz. Lösung eine vermehrte Quellung beobachtet[301], manchmal erst von 0,5% an[302]. Dann liegt es natürlich nahe, sogleich anzunehmen, daß die Nierenrinde quelle und Wasser aus dem Blut in erster Phase entnehme[301], und das wurde auch prompt gefunden[303]. Aber selbst wenn diese Versuche nicht als haltlos erwiesen worden wären wegen ganz ungeeigneter Versuchsanordnung und Auswertung der Resultate[304], würden wir in solchen primitiven Vorstellungen keine Förderung unserer Erkenntnisse sehen können, wie denn diese ganzen Vorstellungen auch schon früher von OEHME[305] zurückgewiesen wur-

---

[294] ELLINGER, A. und Mitarbeiter: Aepp. Bd. 91 (1921) S. 1.
[294a] ELLINGER, A.: Münch. med. Wschr. Bd. 67 (1920) S. 1399.
[295] HANDOVSKY, H. und UHLENBROCK: Klin. Wschr. 1925 S. 1401.
[296] BRÜHL, H.: Biochem. Z. Bd. 212 (1929) S. 291.
[296a] HIMMELREICH, H.: zit. Rona Bd. 105 (1938) S. 6.
[297] NEUSCHLOSS, S. M.: Z. exper. Med. Bd. 41 (1924) S. 664.
[297a] DROSSBACH, M.: Z. exper. Med. Bd. 34 (1923) S. 373.
[298] FALUDI, F.: Z. exper. Med. Bd. 62 (1928) S. 242.
[298a] FALUDI, F.: zit. nach Rona Bd. 55 (1928) S. 412.
[298b] HARA, S.: zit. nach Rona Bd. 30 (1924) S. 279, auch die Blutsenkungsgeschwindigkeit wird durch Koffein nicht verändert.
[299] SCHUTZ, O.: Z. exper. Med. Bd. 31 (1923) S. 221.
[300] SZELÖCZEY, J.: Biochem. Z. Bd. 206 (1929) S. 290.
[300a] SZELÖCZEY, J.: zit. nach Rona Bd. 44 (1927) S. 331.
[301] STUBER, B. und A. NATHANSON: Aepp. Bd. 98 (1923) S. 296.
[302] LOEBENSTEIN, F.: Kolloid-Z. Bd. 35 (1924) S. 345.
[303] SCHULZE, P.: Z. exper. Med. Bd. 36 (1923) S. 95.
[304] LASAREW, N. und M. MAGATH: Z. exper. Med. Bd. 45 (1925) S. 475.
[305] OEHME, C.: Klin. Wschr. 1923, I S. 1.
[305a] OEHME, C.: Aepp. Bd. 102 (1924) S. 40.

den. Wir erwähnen diese Abweichungen mehr als ein Kuriosum und der Vollständigkeit halber, als daß wir uns davon eine Verbesserung des Verständnisses über die Koffeinwirkung versprächen.

Ebenso werden wir eine Änderung der Diurese durch Beeinflussung des Ureters kaum erwarten dürfen, da die Muskulatur zwar durch Koffein gereizt wird, aber schwächer als z. B. durch Harnsäure[306].

Darmkanal.

Bei der Aufnahme von Kaffee in den Mund kommt es schon zu einer gewissen reflektorischen Beeinflussung einfach auf dem Wege über den Geschmack. Dabei hat Koffein selbst auch einen gewissen

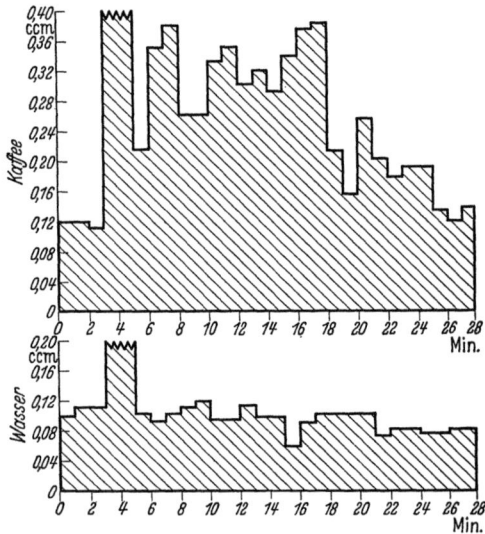

Abb. 11. Nach WINSOR u. STRONGIN (309). Sekretion der Parotis oben nach Kaffee, unten nach derselben Wassermenge. Abszisse: Zeit in Minuten, Ordinate: ccm Speichel. Der gezackte Rand der Säulen in der 3.—5. Minute bedeutet, daß die Sekretion größer war und stellt die reine Flüssigkeitswirkung dar.

eigenen Geschmack schon bei Lösungen von 0,005% in gewöhnlichem Wasser[307]. Also müßte man bei der Stärke des Kaffeegetränks das Koffein schmecken können, aber der bittere Ge-

---

[306] CELLA, C. und I. D. GEORGESCU: C. R. Soc. Biol., Paris Bd. 125 (1937) S. 760.

[307] GERTZ, E.: Skand. Arch. Physiol. (Berl. u. Lpz.) Bd. 44 (1923) S. 129.

schmack wird vollkommen durch die anderen Beimengungen verdeckt, so daß koffeinfreier und koffeinhaltiger Kaffee nicht unterschieden werden können. Dem Gesamtkaffee soll sogar eine gewisse lokalanästhetische Wirkung zukommen [308]. Über eine mögliche psychologische Anästhesie haben wir schon früher gesprochen. Die im Kaffee vorhandenen Koffeinmengen haben vom Munde aus lokal reflektorisch keinen Einfluß auf die Sekretion, wie man das bei Bitterstoffen erwarten könnte. Dagegen wurde bei koffeinhaltigem Kaffee eine Anregung der Speichelsekretion gefunden [309]. Die Unterschiede gegenüber Wasser sehen wir auf Abb. 11.

In diesen Versuchen von WINSOR und STRONGIN [309] wurde die Sekretion gemessen durch Auflegen einer silbernen Röhre an den Ausführungsgang der Parotis. Die Wirkung dauerte fast eine halbe Stunde.

Magensekretion. Besondere Mühe wurde darauf verwandt, die Beeinflussung der Magensekretion zu verfolgen. Hier wie an vielen anderen Stellen der zu behandelnden Fragen kommt man bei Berücksichtigung der beiden fraglichen Faktoren Koffein und Röstprodukte zu einem System von Antinomien und zwar zu drei Möglichkeiten.

1. Das Koffein hat eine Wirkung, die hauptsächlich eine vermehrte Magensaftsekretion hervorruft.
2. Nur die Röstprodukte rufen eine Wirkung hervor.
3. Die Wirkung von Koffein verstärkt die Wirkung der Röstprodukte.

Man kann zu folgenden Darstellungen kommen:

Bei Fall 1. Die Magensaftsekretion soll nicht krampfhaft durch Reizmittel hervorgerufen werden, man dürfe nur die physiologische Auslösung abwarten.

Fall 2. Durch die vermehrte Sekretion von gut wirksamen Magensaft werde die Verdaulichkeit und damit Bekömmlichkeit der Speisen erleichtert. Diese Wirkung sei auch im koffeinfreien Kaffee voll erhalten.

Fall 3. Die gute Verdaulichkeit der Speisen werde durch günstige Anregung der Magensaftsekretion verbessert, aber die unphysiologische Aufpeitschung durch das hinzugefügte Koffein falle weg.

---

[308] ALEXANDER, B.: Dtsch. med. Wschr. 1921 S. 272.
[309] WINSOR, A. I. und E. J. STRONGIN: J. exper. Psychol. Bd. 16 (1933) S. 725.

Die Lösung dieser Antinomien wollen wir nicht versuchen, sondern die tatsächlichen Verhältnisse darstellen.

Bei Hunden mit dem PAWLOWschen Magen konnte weder durch intravenöse noch durch perorale Gabe von 0,2 g Koffein irgendeine vermehrte Wirkung hervorgerufen werden[310]. Bei Menschen wurden zahlreiche Versuche angestellt, weil nach dem Probetrunk von KATSCH und KALK 0,2 g Koffein und 300 ccm Wasser die Magensaftsekretion anregen sollen. Bei Durchsicht der Literatur finden wir häufig außerordentlich unsichere Werte, z. B. in den oben erwähnten Untersuchungen von GOLDBLOOM[310] wurden in 50% der Versuche keine Wirkung nachgewiesen. Noch schlechtere Resultate erhielt ALLODI[311], HEILIG[312], geringe Werte erhielten UDAONDO und Mitarbeiter[313], sowie BRÜLL und FRÖHLICH[314]. Die Wirkung war immer sehr schwach und in keiner Weise mit dem Alkoholprobetrunk zu vergleichen. Trotzdem gehört diese Methode zu den üblichen Untersuchungsmethoden vieler Kliniker bei Magenkranken (STEPP). Hingewiesen wurde noch besonders darauf, daß die intravenöse Gabe bedeutend stärker wirksam war, als die perorale, es handelt sich also hier sichtlich um eine zentrale und nicht reflektorische Beeinflussung. Dieselben Resultate erhielt WICHELS[315] bei KATSCH, der sowohl die Geringfügigkeit dieser Wirkung, als auch die bessere Wirksamkeit intramuskulärer Gaben betont. Mit dem Magensaft gelangen andere Substanzen aus dem Blut, z. B. Azetonkörper in den Magen[316].

Bei Hinzukommen der Röstprodukte überwiegt deren Wirkung dermaßen, daß die Wirksamkeit von Koffein nicht sicher nachgewiesen wurde, z. B. bei OEHNELL und BERG[317] trotz Zufuhr von

---

[310] GOLDBLOOM, A.: Arch. Verdgskrkh. Bd. 42 (1928) S. 13.
[310a] KESTNER, O. und B. WARBURG: Klin. Wschr. 1923 S. 1791.
[311] ALLODI, A. und G. COSTA: Giorn. Acad. med. Torino Bd. 96 (1933) S. 196.
[312] HEILIG, R.: Z. exper. Med. Bd. 40 (1924) S. 427.
[313] UDAONDO, B., C. PINEDO und L. V. SANGUINETTI: zit. nach Rona Bd. 54 (1929) S. 542.
[314] BRÜLL, Z. und E. FROEHLICH: Arch. Verdgskrkh. Bd. 56 (1934) S. 71.
[315] WICHELS, P.: Z. klin. Med. Bd. 123 (1933) S. 336.
[316] SIMICI, D. C., O. DIMITRIU und E. C. BERENGER: zit. nach Rona Bd. 103 (1937) S. 66.
[317] ÖHNELL, H. und H. BERG: Acta med. scand. (Stockh.) Bd. 76 (1931) S. 491.

18 g Kaffee auf 300 ccm Wasser. Dasselbe wurde von Heupke[318] in ausgedehnten Versuchen auch bei anderen Röstprodukten erwiesen. Heupke weist darauf hin, daß die appetithemmende Wirkung von Kaffee gegenüber dem Tee auf den Röstprodukten beruhe. Auch aus Brotrinden konnten solche Stoffe mit Alkohol extrahiert werden und beseitigten das Gefühl der Nüchternheit. Genau dieselben Resultate erhielt A. Bickel[319]. Bickel will als wirksame Substanz zur Provokation des Magensaftes in den Röstprodukten Histamin nachgewiesen haben, und in dieser Hinsicht folgen ihm Täufel und Mitarbeiter[320]. Neuerdings wurde von Gummel[28] wie schon erwähnt, der Nachweis geführt, daß für die Befunde von Bickel z. B. am Meerschweinchendarm das Cholin verantwortlich zu machen sei. Im Vergleich mit Kaffee ist die Wirkung von Tee schwächer[310a] oder gar nicht vorhanden[321]. Aber selbst Matetee verursacht noch deutliche Sekretionssteigerung[53,322].

Wenn wir so die weit überwiegende Wirkung der Röstprodukte auf die Magensaftsekretion sehen, die so stark ist, daß die Koffeinwirkung einfach untergeht, dann werden wir die Untersuchungen von Hanke[323] in ihren Auswirkungen besonders kritisch betrachten müssen. Hanke fand nach Injektionen großer tödlicher Koffeinmengen bei Katzen nach einiger Zeit die Symptome von Magengeschwüren. Diese ließen sich histologisch nachweisen, wenn nach der großen täglichen Injektion die Katze sechs Stunden danach nüchtern blieb, also eine Verdünnung des sezernierten Sekrets nicht in Frage kam. Er bezieht diese Geschwürsbildung auf die erfolgte Mehrsekretion von Magensaft und zwar nicht nur von

---

[318] Heupke, W.: Arch. Verdgskrkh. Bd. 57 (1935) S. 149.
[318a] Haneborg, A. O.: zit. nach Rona Bd. 28 (1925) S. 413, fand eine etwas stärkere Wirkung bei stufenweisem Zusatz von Koff., genauere Resultate sind mir nicht zugänglich.
[319] Bickel, A. und C. van Eweyk: Z. exper. Med. Bd. 54 (1927) S. 75.
[320] Bleyer, A., W. Diemair, F. Fischler, K. Täufel und F. Arnold: Biochem. Z. Bd. 286 (1936) S. 408, Bestimmung der Histobasen im Kaffee und Kaffeersatz. — Biochem. Z. Bd. 289 (1936) S. 27, Röstung von anderen Vegetabilien.
[321] Gantt W, Horsley: J. Labor. a. clin. Med. Bd. 14 (1929) S. 917.
[322] Udaondo, B. C. und G. P. Gonalons: zit. nach Rona Bd. 64 (1931) S. 327.
[323a] Hanke, H.: Arch. klin. Chir. Bd. 178 (1933) S. 607.
[323b] Hanke, H.: Klin. Wschr. 1933 S. 1524.
[323c] Hanke, H.: Klin. Wschr. 1934 S. 978.

gewöhnlichem, sondern konzentriertem Magensaft. Diese Magensaftsekretion ist aber nur erfolgt, weil Koffein parenteral gegeben wurde, wahrscheinlich durch die zentrale Erregung des Vagus, worauf wir schon früher hingewiesen haben. Entsprechend fand GRASSO [324] bei Kaninchen nur dann eine ulzeröse Gastritis, wenn er Koffein parenteral kombiniert mit Nikotin gab. Infusionen von Kaffeextrakt durch Schlundsonde in den Magen führten selbst bei monatelanger Fütterung zu keinem Erfolg. Wenn deshalb HANKE schreibt, daß Koffein eine gewisse Bedeutung haben könne bei dem

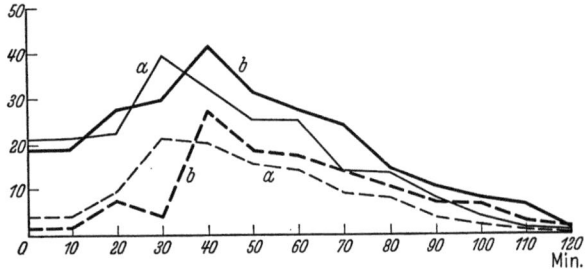

Abb. 12. Nach GINADER (56). Salzsäuresekretion des Magens nach verschiedenen Kaffeesorten. Ordinate: Aziditätswert und zwar:
Gewöhnl. Kaffee   Idee Kaffee
Ges. Azid. ———— a   Ges. Azid. ———— b
freie HCl − − − − a   freie HCl −·−·− b
Durchschnittswerte von 50 Versuchspersonen.

Zustandekommen einer Gastritis und zugleich den Mechanismus in einer vermehrten Sekretion sieht, dann werden wir die Entscheidung, ob durch vermehrte Magensaftsekretion ein Magengeschwür zustande kommen kann, etwa durch Bouillon oder Braten oder sonstige Röstprodukte neben dem Kaffee, dem Kliniker überlassen, aber nach den gesamten Befunden werden wir dem Koffein keine Rolle zubilligen können.

Den Verlauf der Magensaftsekretion können wir aus Abb. 12 nach den Versuchen von GINADER [56] ersehen. Diese Kurve ist eine Durchschnittskurve von 55 Patienten, denen nach dem Kaffeegetränk eine Verweilsonde im Magen eingeführt und alle 10 Minuten eine Probe zur Bestimmung der Säurewerte entnommen wurde. Auf dieser Kurve ist zu gleicher Zeit der Verlauf der Azidität nach Ideekaffee, der durch Behandlung mit hochgespanntem Was-

---

[324] GRASSO, R.: zit. nach Rona Bd. 96 (1936) S. 160.

serdampf weniger Chlorogensäure enthält, angegeben. Wir sehen, daß zwischen den beiden Kurven gar kein Unterschied besteht, denn bei der Schwankung der Aziditätskurven, die man in allen oben angeführten Arbeiten finden kann, sind die Abweichungen zu geringfügig um Verwertung zu finden.

Die Chlorogensäure muß man nach ihren eiweißfällenden Eigenschaften zu den Gerbsäuren zählen, so daß Reizwirkungen auf die Magenwand durchaus möglich sind. Solche Reizwirkungen wurden sowohl von SEEL[325] als auch von KOCHMANN[326] beobachtet. Bei Personen, deren Magen empfindlich ist, findet man entsprechend eine geringere Reizwirkung bei Ideekaffee. Neuerdings hat BEHRENS (persönliche Mitteilung) an Hunden im gewöhnlichen Kaffee eine brechenerregende Substanz gefunden, die im Ideekaffee fehlte. Ob es sich dabei aber um Chlorogensäure handelt, ist eine Frage, die ich eher verneinen möchte. Bei Nervösen wird man durch Verminderung eines Reizes die reflektorische Wirkung auf andere Organe hemmen und die bessere Bekömmlichkeit[327] erklären können, da der Chlorogensäure selbst keine resorptiven Eigenschaften zuzubilligen sind.

An dieser Stelle befinden wir uns an einem Angelpunkt der gesamten Kaffeewirkung zum Unterschied von der Wirkung des Koffeins allein. Es handelt sich hier nicht allein um die Frage der Säurebildung durch Röstprodukte. Folgende Beobachtungen, über die STEPP spricht, will ich nebeneinandersetzen:

1. Koffein wird bei magenkranken Patienten ohne Sensationen zur Diagnostik benutzt und zwar in der beträchtlichen Dosis von 0,2 g auf einmal. Magenkranke (mit Gastritis usw.) sind aber gegen Kaffee besonders empfindlich.

2. Herzkranke erhalten Koffein zu therapeutischen Zwecken in höheren Dosierungen, in Kaffee werden kleinere Mengen nicht vertragen. Diese auftretenden Sensationen betreffen dabei nicht etwa nur den Magen, sondern bestehen in Herzklopfen, Aufregung, Blutandrang zum Kopf, Schlafstörung usw. Da resorptiv wirksame Substanzen — abgesehen von Koffein — bisher nicht nachgewiesen

---

[325] SEEL, H.: Med. Welt 1935 S. 1422. Die festgestellte hämolytische Wirkung der Chlorogensäure spricht gegen ihren Gerbstoffcharakter.
[326] KOCHMANN, M.: Med. Welt 1934 S. 577.
[327] EBINGER, E.: Z. Volksernhrg. 1931 S. 226.
[327a] WEDEKIND, C. H.: Med. Welt 1932 S. 1283.

wurden, werden wir hier lokal reflektorisch wirksame Substanzen vermuten dürfen (denen BEHRENS vielleicht auf der Spur ist). Wir werden an ähnliche Erscheinungen des RÖMHELDschen Symptomenkomplexes erinnert. Damit wäre auch zugleich erklärt, weshalb — abgesehen von der evtl. geringeren Koffeindosis — der Tee von manchen Menschen besser vertragen wird als der Kaffee. Die Untersuchungen von HEUBNER, der keine kreislaufwirksame Substanz außer Koffein gefunden hatte, die Auffassung von STRAUB und die Darstellung von STEPP hätten dann einen gemeinsamen Nenner gefunden, der „die Gedanken der Erfahrung anpassen" würde. Ich möchte aber zur Klarheit hinzusetzen, daß die Überempfindlichkeit derjenigen Menschen mit Überfunktion der Schilddrüse eine Überempfindlichkeit in erster Linie gegen Koffein, nicht gegen Kaffee ist. Ob wir in der Chlorogensäure die für die hier angegebenen Wirkungen verantwortliche Substanz schon gefunden haben, ist sehr fraglich, wie ich oben schon ausführte. Dagegen kann die Chlorogensäure als Eiweißfällungsmittel eine andere Wirkung haben. Nach Untersuchungen über die Ausflockung von Milch soll es bei Verdünnung der Milch mit Malzkaffee zur Bildung feinerer Gerinnsel kommen als mit Bohnenkaffee[328]. Es ist anzunehmen, daß die Ausflockung sich an die Kristallisationspunkte der kolloiden Extraktstoffe hält. Wenn aber ein Gerbstoff die Ausflockung beschleunigt, werden die Gerinnsel gröber werden. Solche gröberen Flockungen können aber die Resorption von Koffein hemmen. Deshalb wurde gefunden, daß Milchzusatz die Koffeinwirkung abschwächen soll[329]. Auch die Verdauung der feineren Gerinnsel nach Malzkaffee ist leichter als bei Bohnenkaffee[330, 331]. Es ist aber nicht notwendig, die bessere Verträglich-

---

[328] HEIDE, E. und E. SCHILF: Biochem. Z. Bd. 213 (1929) S. 190.
[328a] WHITAKER, R.: Chem.-Ztg. 1931, I S. 3625.
[328b] LICKINT, F.: Ther. Gegenw. Bd. 72 (1931) S. 308, deshalb Empfehlung des Malzkaffees zur Ulkustherapie.
[329] STARKENSTEIN, E.: Ther. Gegenw. 1932 Heft 4 S. 1.
[329a] STARKENSTEIN und E. WINTENITZ: Schweiz. med. Wschr. 1937 S. 454, die Vorstellungen von S. haben eine Wahrscheinlichkeit für sich, aber die Experimente überzeugen nicht.
[330] LUERS, H.: Med. Klin. 1930 S. 209. Bei Malzkaffee geht das Gerinnsel durch das Filter, beim Bohnenkaffee bleibt ein Rest. Der Unterschied zeigt sich auch beträchtlich bei der Sedimentationsgeschwindigkeit.
[331] MAUGERI: zit. nach Rona Bd. 65 (1931) S. 815, beobachtet die Hem-

keit des Kaffees nach Milchzusatz auf diese Wirkungen zurückzuführen, sondern wir haben sowohl bei Zusatz von Zucker als auch von Milch, besonders aber von Sahne eine Hemmung der Magensekretion zu erwarten und diese wurde auch beobachtet in den Versuchen von MILLER und Mitarbeiter [332]. Außerdem würde Milch als Muzilaginosum mildernd auf die Reizwirkung jener eben besprochenen Substanz oder Substanzen wirken. Vielleicht wird von diesem Punkte aus sogar das Problem der besseren Verträglichkeit der Kaffeezubereitung nach türkischer Art geklärt werden. Denn nicht nur Koffein wird von der Kohle absorbiert und langsam — vielleicht im Magen gar nicht — abgegeben werden.

Wenn wir hier von Beiprodukten sprechen, die die Wirkung des Kaffees verändern können, dann soll die Möglichkeit nicht ausgelassen werden, daß bei koffeinfreiem Kaffee Reste von Extraktionsmitteln zurückbleiben und wirksam werden können. Bei diesen Resten kann es sich nur um Spuren handeln, aber trotzdem wurde eine schlechte Verträglichkeit allerdings nur von LICKINT [333] beobachtet. Wenn solche Reste möglich sein sollten, die chemisch natürlich nicht nachweisbar sind, wird es sich empfehlen nicht wahllos koffeinfreien Kaffee gleich koffeinfreiem Kaffee zu setzen. Wir kennen ähnliche Verhältnisse auch in der Arzneimittelindustrie: nicht jede Azethyl-salizylsäure ist dem Aspirin gleichwertig.

Hier haben wir noch die Beeinflussung der verschiedenen Verdauungsfermente durch Kaffee oder Koffein zu betrachten. Auf Pepsin konnte durch Koffein erst in 2proz. Lösung eine hemmende Wirkung [334] nachgewiesen werden, bei Erepsin wurde bei Konzentration 1:25000 bis 1:2500 sogar eine fördernde Wirkung gesehen [335, 338a], dagegen hemmte Chlorogensäure bei Konzentrationen

---

mung der Blutgerinnung nach Koffein, auf die Milch sind die Versuche nicht übertragen worden.

[332] MILLER, J. R., O. BERGEIM, M. E. REHFUSS und P. B. HAWK: Amer. J. Physiol. Bd. 52 (1920) S. 28.

[333] LICKINT, F.: Med. Klin. 1931 S. 387. Die betreffenden Patienten reagierten mit Übelkeit. Wenn in den Versuchen von DRESEL (vgl. Anmerkung 350) Kaffee Hag-Kohle im Gegensatz zu der von gewöhnlichem Kaffee die verschiedensten Bakterien rascher tötet, könnte man das vielleicht als ein Zeichen adsorbierter Lösungsmittel auffassen.

[334] HEIDUSCHKA, A. und J. FOERSTER: zit. nach Chem.-Ztg. 1932, II S. 3734.

[335] ABDERHALDEN, E. und F. REICH: Fermentforschg. Bd. 11 (1929) S. 64.

über 0,5% die peptische Verdauung[335a]. Die Magenlipase wurde nicht beeinflußt gefunden[336, 337], ebenso verhält sich die Pankreaslipase[338]. Lipasen von Organen werden durch Koffeinkonzentrationen von 0,5% ganz schwach gehemmt[339]. Ebenso unwirksam erwies sich Koffein bei Amylase[340] auch vom Speichel[338] und auf Katalase[341].

Auch die Wirkung auf die Fermentsysteme der Hefe ist bei Koffein außerordentlich gering[342, 343]. Genaue Versuche finden wir bei J. BELLISAI[342a] der bei 1—3 proz. Koffeinlösungen Hemmungen, bei 0,01—0,1% geringe Begünstigungen fand. Wie fast selbstverständlich können wir aus allen diesen Darstellungen nur entnehmen, daß bei der Einwirkung von Koffein auf den Organismus keine Einwirkungen auf eines der einfachen Fermentsysteme in Frage kommen kann.

Wir kommen jetzt noch dazu, die Motilität der Verdauungswege durch den Kaffee zu betrachten. Nach den Untersuchungen von MILLER[332], der seine Versuchspersonen 3½ Stunden nach der Mahlzeit + Kaffee aushebert und aus der Menge des Ausgeheberten die Entleerungszeit berechnete, wird durch Kaffee die Entleerungsgeschwindigkeit in keiner Weise beeinträchtigt. Dasselbe fand auch

---

[335a] PILGER, E.: Z. Volksernhrg. 1935 S. 161. Alle Kaffeesorten sollen unabhängig vom Koffein und Chlorogensäure die Pepsinverdauung hemmen, Malzkaffee weniger. Deshalb soll man bis zum Kaffeetrinken nach dem Essen eine halbe Stunde verstreichen lassen.

[336] DELHOUGNE, F.: Dtsch. Arch. klin. Med. Bd. 152 (1926) S. 166.

[337] GOZZANO: Boll. Soc. ital. Biol. sper. Bd. 9 (1934) S. 167, mäßige Hemmung.

[338] SLATAROFF, A. und I. POPOFF: zit. nach Rona Bd. 99 (1936) S. 326, 1 proz. Lösung.

[338a] SLATAROFF, A. und I. POPOFF: Z. Untersuchg. Lebensmitt. Bd. 73 (1937) S. 154.

[339] RONA, P. und R. AMMON: Biochem. Z. Bd. 181 (1927) S. 49, Schweinepankreaslipase, Rinder- und Menschen-Leberlipase.

[340] SABALITSCHKA, T. und C. SCHULZE: Fermentforschg. Bd. 8 (1925) S. 464. Koffein 1:600 bis 1:6000 keine Wirkung.

[341] SANTESSON, C. G.: Skand. Arch. Physiol. Bd. 39 (1919) S. 132.

[342] ABDERHALDEN, E.: Fermentforschg. Bd. 6 (1922) S. 149. Alkoholische Gärung 1:400 unsichere Wirkung, anfangs fördernd, dann hemmend.

[342a] BELLISAI, J.: Arch. internat. Pharmacodynamie Bd. 35 (1929) S.474.

[343] FRAENKEL, S.: Pharmaz. Mh. Bd. 3 (1922) S. 17. Bei Hefepreßsaft wirkte der gebrannte Kaffee besser als der ungebrannte fördernd auf die Gärung als Zeichen, daß es sich nicht um eine Koffeinwirkung handelte.

BICKEL röntgenologisch[343a]. Dabei kann es nach hohen Dosen von Kaffee zu Spannungssteigerungen und Frequenzvermehrung der Peristaltik kommen[344, 345]. Die Darmbewegungen wurden bei den einzelnen Tieren nicht gleichmäßig verändert gefunden. Am isolierten Darm des Meerschweinchens sollen durch Koffeinkonzentrationen 1:20000 eine Anregung der Kontraktionen erfolgen[346], die auch am Kaninchendarm vorhanden waren und am Gesamthund mit Thirry-Vellafistel nachgewiesen werden konnten[347]. Dasselbe fand JUNKMANN[191] und ebenso FREDERICQ[194a] bei 1proz. Coff. natr. benz. Lösungen. Die Zunahme der Kontraktionen erfolgte auch nach Lähmung des Darmes durch Adrenalin 10^{-7}. Am ganzen Tier wurde durch Koffein auch einmal eine Hemmung festgestellt. Die Vermehrung der Peristaltik durch Koffein braucht aber nicht die Ursache der Durchfälle zu sein, die nach starkem Kaffeegenuß gelegentlich auftreten können[348], denn auch andere in ähnlicher Richtung wirkende Substanzen, wie Cholin müßten ebenso Beachtung finden (GUMMEL[28]). Diese Beobachtung führt zum Verbot des Kaffees bei manchen Darmkatarrhen (STEPP). Da Tee nicht verboten ist, scheint das Koffein eine untergeordnete Rolle zu spielen.

Die Heilwirkung von Kohle des Kaffees wird jetzt von HEISLER[349] propagiert. Wir werden darin eine gewöhnliche Kohle sehen können, die dazu mit irgendwelchen aktiven Substanzen (s. Chemie) beladen ist. Schon DRESEL[350] konnte durch Kaffeepulver die verschiedensten Bakterien, wie Typhus, Flexner, Shiga und Cholera-

---

[343a] BICKEL, A., C. VAN EWEYK und I. FLEISCHER: Arch. Verdauungskrkh. Bd. 40 (1927) S. 334. Nach KAPP: Arch. Verdauungskrkh. Bd. 61 (1937) S. 123 geht auch gebratenes Fleisch rasch durch den Magen.
[344] DICKSON, W. H. und M. I. WILSON: J. Pharmacol Bd. 24 (1924) S. 33.
[345] TAKAHASHI, M. und M. AKAMATSU: zit. nach Chem.-Ztg. 1931, II S. 268. Beim Rattenmagen anscheinend mehr Hemmung.
[346] KOMANT, W.: Aepp. Bd. 163 (1932) 635.
[347] PLANT, O. H. und C. REYNOLDS: J. Pharmacol. Bd. 19 (1922) S. 256. Beim isolierten Kaninchendarm schon 1:40000 vermehrte Peristaltik, stärker mit der Dosierung.
[348] KRETSCHMER, W.: Med. Welt 1936, I S. 232.
[349] HEISLER: Hippokrates 1937 Heft 50.
[349a] BOAS, F.: Hippokrates 1938 Heft 12. Bakterien werden stärker geschädigt durch Koffein als Pilze.
[350] DRESEL und H. LOTZE: Arch. Hyg. Bd. 104 (1930) S. 144, auch Toxine werden adsorbiert.

vibrionen abtöten. Dasselbe, aber in geringerem Maße, gelang auch schon bei Auszügen von Tee und Kaffee[350a]. Die Resorption von Zucker soll durch Kaffee[351] oder durch Koffein[352] gefördert werden.

Im Durchschnitt sehen wir, daß die Wirkung des Gesamtkaffees auf die Verdauungswege sich erstreckt auf die Magensaftsekretion und Reizwirkung auf die Schleimhaut, die fast ganz den Röstprodukten zuzuschreiben ist, nicht dem Koffein. Wenn von anderer Seite von der Möglichkeit, daß durch Kaffeegenuß Verstopfungen entstehen, berichtet wird, werden wir diese Verstopfungen eher den mit dem Kaffee häufig mitgetrunkenen staubförmigen Kohlepartikeln zuschreiben können, die ähnlich der Tierkohle stopfend wirken könnten. Für die Vorgänge im Darm ist noch wichtig die Resorption von Koffein, denn diese Resorption bedingt sein Schicksal und seine Wirkung im Organismus, deshalb schließt sich hier logisch das Schicksal des Koffeins im tierischen und menschlichen Organismus an, soweit wir darüber informiert sind.

Stoffwechsel.

Koffein. Die Resorption ist im einzelnen noch nicht verfolgt worden. Die immer wiederkehrende Behauptung, daß die Resorption des im Kaffee enthaltenen Koffeins besser ist als des reinen Koffeins, ist in keiner Weise erwiesen, aber man kann annehmen, daß sie auch bei peroraler Gabe ziemlich rasch erfolgt. Hier sind zuerst die Versuche von HATSH und KWIT[353] zu erwähnen. Beim Vergleich der Konzentrationen im Blut nach peroraler und intravenöser Gabe fanden sich schon nach einer Stunde gleiche Konzentrationen. Beim Pferd wurden neuerdings Versuche über die Konzentration von Koffein im Blut zu verschiedenen Zeiten angestellt, nachdem in der Methode von KUNZ[354] eine gute Bestimmungsmethode zur Verfügung steht, deren Empfindlichkeit bis

---

[350a] DOLD, H.: Z. Hyg. Bd. 92 (1921) S. 30, Typhus und Paratyphus.
[351] JOACHIMOGLU, G. und N. KLISSIUNIS: zit. nach Rona Bd. 77 (1933) S. 192.
[352] NAKAMURA, M.: zit. nach Rona Bd. 28 (1924) S. 91.
[353] HATCHER, R. A. und N. T. KWIT: J. Pharmacol. Bd. 52 (1934) S. 430.
[354] KUNZ, A. F.: Biochem. Z. Bd. 275 (1935) S. 270.

unter 0,1 mg heruntergeht. Bei den Versuchen am Pferd[355] wurden bei peroraler Gabe maximale Konzentrationen bis zu acht Stunden nach der Gabe gefunden, was bei der starken Magenfüllung des Pferdes nicht weiter verwunderlich ist.

Das Wichtigste für das Schicksal des Koffeins an sich ist die Frage der Ausscheidung, weil man daran sehen kann, bzw. abschätzen kann, inwieweit mit einer Koffeinwirkung noch zu rechnen ist. Hierin unterscheiden sich die Tiere beträchtlich vom Menschen, weil sie in ihrem Purinstoffwechsel wesentlich abweichen. Die absolute Menge, die unzersetzt ausgeschieden wurde, wurde beim Pferde mit 7—16%[355] angegeben. Die Ausscheidung erstreckte sich über fünf Tage, so daß selbst im Blut noch mehrere Tage nach der Zufuhr definierbare Mengen nachgewiesen werden konnten. Die Länge der Ausscheidung war nicht abhängig von der Dosis.

Beim Meerschweinchen[356] wurden 20% der zugeführten Menge ausgeschieden. Die Ausscheidung dauerte etwa drei Tage und noch nach 47 Stunden waren 10% der zugeführten Menge im Körper nachweisbar.

Ältere Versuche liegen von LOEB[357] mit einer biologischen Methode vor. Diese Methode ist zwar empfindlich und auch einigermaßen spezifisch bei geeigneter chemischer Vorbehandlung, aber durch die Variabilität des biologischen Materials sind die Fehler beträchtlich. Trotzdem werden wir grobe Ausschläge verwerten können. Beim Kaninchen wurden nach 24 Stunden deutliche Mengen unzersetzten Koffeins nachgewiesen, bis 30% des eingegebenen wurden unzersetzt wiedergefunden.

Die Elimination des aufgenommenen Koffeins aus dem Kreislauf, d. h. aus dem Blut geht anfangs rasch[353], nachdem nach intravenösen Injektionen bei der Katze die Lunge vorübergehend etwas mehr aufnimmt, um es nach wenigen Minuten wieder abzugeben (ein unsicherer Befund). Nach sechs Stunden war die Konzentration auf ein Fünftel der Anfangskonzentration gesunken. Die Gewebe werden anscheinend ziemlich gleichmäßig durch

---

[355] KRUPSKI, A., A. KUNZ und F. ALMASY: Schweiz. med. Wschr. 1934 I, S. 191.

[356] KRUPSKI, A., A. KUNZ und F. ALMASY: Biochem. Z. Bd. 273 (1934) S. 317.

[357] FARMER LOEB, L.: Biochem. Z. Bd. 129 (1922) S. 570.

Koffein beladen, wie KRUPSKI und Mitarbeiter[356] an einer Gebirgsziege von 25 kg, die 20 g Koffein per os erhalten hatte, nachgewiesen haben. Die Konzentrationen schwankten zwischen 0,02 bis 0,04%. Insbesondere fand sich keine Speicherung im Gehirn wie Versuche von GOUREWITSCH[358] zu ergeben schienen. Die qualitative Anwesenheit des Koffeins im Kaninchengehirn wies durch Sublimation schon früher KEESER[359] nach.

Beim Vergleich der Koffeinkonzentration im Blut und Urin beim Pferde[355] wurde gefunden, daß im Urin das ein- bis dreifache der Konzentration des Blutes nachweisbar war. Es kam zu einer Diurese, die im gewissen Sinne mit der Konzentration im Blut parallel ging und schwankte. Die Vorstellung von KRUPSKI allerdings, daß die Diurese einträte, weil der Organismus sich des aufgenommenen Giftes entledigen wolle, ist unvollkommen. An sich wird man mit teleologischen Vorstellungen im Organismus recht weit kommen, aber in diesem Fall sieht man die Unzulänglichkeit, die einfach darauf beruht, daß wir die Zwecke des Organismus gar nicht übersehen können. Offenbar findet die Elidierung des Koffeins bei sämtlichen Tieren zum weitaus größten Teil durch Zersetzung statt und nicht durch den Urin. Frühere Versuche von OKUSHIMA[360] hatten sogar gezeigt, daß man durch einen nachträglichen Wasserstoß mit provozierter Diurese eine schon zum Schwinden gekommene Koffeinausscheidung wieder zum Aufflackern kommen lassen kann, so daß man im Zweifel ist, was das Primäre bei den Versuchen von KRUPSKI ist, die Diurese, die das Koffein mitreißt oder umgekehrt.

Beim Menschen lagen bisher vorwiegend die Befunde von OKUSHIMA[360] und FRIEDBERG[361] vor, die beide mit derselben biologischen Methode, Einwirkung von Koffein auf die Muskelfibrillen des Frosches, erhalten wurden. Die Resultate sind deshalb nur als vorläufige zu betrachten. Sie fanden eine Ausscheidung, die sich bis zu 10—12 Stunden hinzog. Die absoluten Mengen sind nach unseren heutigen Verfahren nicht zu werten. Die maßgeblichen

---

[358] GOUREWITSCH, L.: Aepp. Bd. 57 (1907) S. 214. Diese Versuche tragen von vornherein den Stempel der prinzipiell fehlerhaften Methode auf sich und sind in keiner Weise zu gebrauchen.
[359] KEESER, E. und I.: Aepp. Bd. 127 (1928) S. 230.
[360] OKUSHIMA, K.: Biochem. Z. Bd. 129 (1922) S. 563.
[361] FRIEDBERG, E.: Biochem. Z. Bd. 118 (1921) S. 164.

Werte stammen von neueren Versuchen von KRUPSKI und Mitarbeiter[362], mit der neuen Methode von KUNZ. Die Koffeinausscheidung von zwei Personen, die verschiedene Mengen von Koffein erhalten hatten, und die wir aus der eben zitierten Arbeit entnommen haben, geben wir auf Abb. 13 wieder. Die Zufuhr erfolgte in Form von heißem Kaffee. Aus der Kurve ist ersichtlich, wie rasch die Ausscheidung ihr Maximum erreicht, was für die Geschwindigkeit der Resorption spricht. In der sechsten Stunde erfolgte parallelgehend mit der vermehrten Koffeinausscheidung ein zweites Maximum auch der Diurese, wie wir es schon bei den

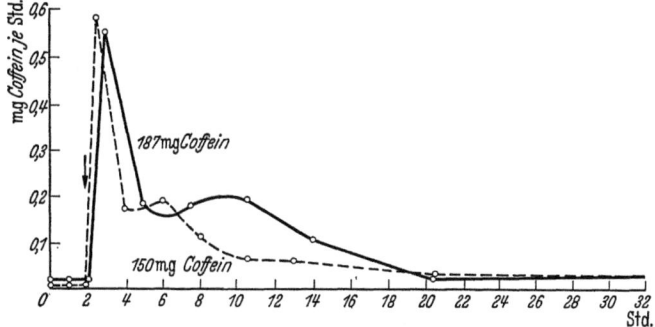

Abb. 13. Nach KRUPSKI u. Mitarbeiter (362). Verlauf der Koffeinausscheidung bei zwei Menschen in stündlichen Harnportionen.

Pferdeversuchen bemerkt hatten. Diese sekundäre Diurese habe ich auch beobachtet. Während beim Meerschweinchen 10% des eingenommenen Koffeins im Kot erschien, betrug beim Menschen die Menge nur 0,2—0,3%. Wenn man die Gesamtmenge, die unzersetzt ausgeschieden wird, in Betracht zieht, sind die Verhältnisse nicht so unterschiedlich. Denn beim Menschen konnte von dem eingegebenen Koffein nur 1,2—2,5% wieder gefunden werden, also die Ausscheidung ist minimal im Verhältnis zu den Gesamtmengen. Auf dem eben gezeigten Bilde sehen wir zugleich, daß die Ausscheidung sich lange hinzieht und wie die Autoren schreiben, der Urin erst nach etwa 2—3 Tagen ganz frei von den letzten Spuren von Koffein ist. Zu berücksichtigen ist dabei ein gewisser mit der Methode erfaßter Leerwert, der auch bei sicher absolut koffeinfreier Nahrung bestehen bleibt. Aber wir sehen, daß die Ausscheidung

---

[362] KRUPSKI, A., A. F. KUNZ und F. ALMASY: Schweiz. med. Wschr. 1936, I S. 246.

der Mengen, die praktisch in Frage kommen, analog den Untersuchungen von OKUSHIMA, ganz richtig in 12 Stunden beendet ist. Bei der leichten Zerstörbarkeit des Koffeins im menschlichen Organismus ist es erstaunlich, daß sich kleine Spuren anscheinend noch lange halten. Wir werden uns die Frage vorlegen, ob irgend ein Kreislauf des Koffeins im Organismus derart vorliegt, daß eine Ausscheidung in der Leber und eine Rückresorption im Darm erfolgt, so daß immer Reste der Zerstörung entzogen werden. Wir werden diesen kleinen Mengen keine Wirkung zuschreiben, nicht nur weil die absoluten Mengen so klein sind, daß wir sie selbst mit der empfindlichen Methode kaum nachweisen können, sondern weil wir an dieser Grenze auch gar nicht wissen, ob es vermehrte Mengen der Substanzen sind, die auch beim koffeinfrei Ernährten ausgeschieden werden. Diese Mengen würden sicherlich in genau derselben Weise nachweisbar bleiben, selbst wenn wir Kaffee Hag trinken würden. Wissenschaftlich wichtiger ist die Frage, was für Verbindungen auch ohne Methylpurinzufuhr mit der Methode erfaßt werden.

Von praktischer Bedeutung ist hier noch die Frage, in welchen Mengen unzersetztes Koffein in die Frauenmilch beim Stillen übergeht. Frühere Untersuchungen von SCHILF und VOHINZ[363] hatten ergeben, daß man mit dem Übergang von etwa 1% unzersetzten Koffeins zu rechnen habe. Diese Angabe wurde mit der Methode von KUNZ neuerdings durch SCHUHMACHER[364] kontrolliert und im großen und ganzen bestätigt. Seine Werte schwanken zwischen 0,58 und 3,26%, wobei noch der evtl. Leerwert abzuziehen wäre, bei Gaben von 110—330 mg Koffein. Sind die Bedingungen zur Ausscheidung in der Milch besser als im Urin? Die Frage, die wir uns außerdem vorzulegen haben ist die, ob wir aus dieser Tatsache den Schluß ziehen sollen, daß diese kleinen Koffeinmengen dem Kinde schädlich sein könnten, daß man also den stillenden Müttern das Kaffeegetränk ganz verbieten müsse. SCHUHMACHER selbst kommt zu dem Urteil, daß die Menge, die dem Säugling im Verlauf eines Tages unter Zugrundelegung selbst der höchsten Zahlen mit etwa 3 mg bei zwei Tassen starken Kaffees zu veranschlagen ist. Diese Mengen betragen aber nur 18—25% der therapeutischen

---

[363] SCHILF, E. und R. WOHINZ: Arch. Gynäkol. Bd. 134 (1928) S. 201.
[363a] SCHILF, E. und R. WOHINZ: Klin. Wschr. 1928 S. 1186.
[364] SCHUMACHER, H. M.: Med. Welt 1936, S. 408.

Einzeldosis und seien zu vernachlässigen. Die Behauptungen, daß Kinder besonders koffeinempfindlich seien, über das Gewicht hinaus, ist durchaus nicht erwiesen. Koffein wird häufig im Säuglingsalter angewandt[365]. Am Kaninchen wurde eine geringere Empfindlichkeit der jungen Tiere nachgewiesen[366]. E. MÜLLER[367] verbietet in seinem Buch nicht den Wöchnerinnen den Bohnenkaffee. Selbstverständlich wird man keinen Grund einsehen, Kindern, selbst wenn Koffein nicht schädliche Wirkungen im Gefolge haben sollte, größere Mengen von koffeinhaltigen Genußmitteln zuzuführen, schon wegen der Wirkung auf den Magen (s. dort).

Wenn wir uns hier mit den verschiedenen Schicksalen des Koffeins beschäftigt haben, dann soll hier gleich Erwähnung finden, daß Koffein in die Placenta eindringt und in den Fetus kommt[368, 369]. Im ganzen sind unsere Kenntnisse über das Schicksal des Koffeins dürftig. Herr Dr. VOLLMER in unserem Institut ist dabei diesem Mangel abzuhelfen.

Koffeinzersetzung. Wir haben eben gesehen, daß bei allen Versuchstieren der weitaus größte Teil des Koffeins im Organismus zersetzt wird. Dann erhebt sich sofort die Frage, was mit den restlichen 98 oder 99% geschieht, die z. B. beim Menschen nicht ausgeschieden werden. Sicher ist, daß der Organismus die Möglichkeit hat, Methylgruppen abzuspalten. Die Versuchstiere verhalten sich aber durchaus verschieden. Z. B. wird beim Kaninchen zuerst die Methylgruppe an Stelle 3 abgespalten, beim Hunde die Stellung 7 angegriffen[370, 371]. KRUEGER[372] hatte in seinen Versuchen um die

---

[365] JANUSCHKE: zit. nach WALKO: Prager med. Z. 1937 Heft 2.
[366] TAKAHASHI, H.: zit. nach Rona Bd. 34 (1926) S. 591.
[367] MÜLLER, E.: Briefe an eine Mutter, S. 106. Stuttgart: Enke.
[368] FABRE, R.: zit. nach Chem.-Ztg. 1937, II S. 3624.
[368a] FABRE, R. und M.TH.REGNIER: J.Pharmacie Bd. 20, VIII (1934) S.193.
[369] FABRE, R. und M. TH. REGNIER: C. R. Soc. Biol., Paris Bd. 115 (1934) S. 155, Versuche an 1 Kaninchen und 1 Hund.
[370] BOCK: in HEFTER-HEUBNERS Handb. d. exper. Pharmakologie II, 1 S. 515f, hier findet man auch die beste Zusammenstellung der Vorkriegsliteratur.
[371] HANZAL, R. F. und V. C. MYERS: J. biol. Chem. Bd. 97 (1932) S. LXIX, fand beim Dalmatinerhund, bei dem das Schicksal des Koffeins am meisten dem beim Menschen ähneln soll, keine Demethylierung bei der 7-Stellung.
[372] KRUEGER und SALOMON: Hoppe-Seylers S. Bd. 24 (1898) S. 364; Bd. 26 (1899) S. 359.

Jahrhundertwende, die bisher noch nicht überholt worden sind, aus 99,49 g Purinen, die er aus über 1000 Liter Harn gewann, folgende Verbindungen isolieren können:

1,7-Dimethylxanthin	15,3 g
1-Methylxanthin	21,3 g
7-Methylxanthin	22,3 g
7-Methylguanin	8,4 g
Adenin	3,5 g
Hypoxanthin	8,5 g
Xanthin	10,9 g

Aus diesen Versuchen kann man, entsprechend CUSHNY in seinem Lehrbuch, ableiten, daß die CH_3-Gruppe in der 7-Stellung die größte Stabilität hat, dann folgt die in der 1-Stellung, am wenigsten stabil ist die Methylgruppe in der 3-Stellung, diesmal in Übereinstimmung mit dem Hundeversuch von MYERS[371]. Ein kleiner Teil des Koffeins erscheint als Theobromin (KRUPSKI).

Von Wichtigkeit sind jetzt die Möglichkeiten, daß diese sekundären Zersetzungsprodukte irgendeine pharmakologische Wirkung von sich aus entfalten könnten. Es wurden deshalb schon vor dem Kriege alle möglichen Zersetzungsprodukte, soweit der Purinring nicht gesprengt ist, untersucht, und immer eine beträchtlich geringere Giftigkeit als nach Koffein selbst gefunden[373, 370]. Wie die Wege der Zersetzung im einzelnen verlaufen, ist ganz unbekannt. Es gibt im Darm Bakterien, die Harnsäure zu zersetzen vermögen[374], z. B. B. aerogenes und B. acidi urici Ulpiani, aber die methylierten Harnsäureverbindungen selbst sind diesen Bakterien nicht zugänglich. Bei der Ausscheidung kann keine der bisher aufgezählten Verbindungen Schwierigkeiten machen, etwa darin, daß eher Konkremente in den harnabführenden Wegen entstehen, denn diese Zersetzungsprodukte haben alle eine höhere Löslichkeit als Harnsäure[371], und auch die Löslichkeit der Harnsäure selbst wird durch Koffein eher günstig als ungünstig beeinflußt[375].

Harnsäure. Von diesen Verbindungen kann uns nach allem nur das Verhalten der Harnsäure selbst besonders interessieren, denn

---

[373] STARKENSTEIN: Aepp. Bd. 57 (1907) S. 47.
[374] HANZAL, R. F. und E. E. ECKER: Proc. Soc. exper. Biol. a. Med. Bd. 28 (1930) S. 815.
[375] JUNG, A. und W. ZÖRKENDÖRFER: Schweiz. med. Wschr. 1930 S. 503.

von hier aus ergibt sich die Möglichkeit, daß eine harnsaure Diathese ungünstig beeinflußt wird. Tatsächlich vermehrt Koffein die Harnsäureausscheidung. Es wurde auch gelegentlich eine Vermehrung der Harnsäure nach Koffein im Blut gefunden[376], aber die Befunde dieser Richtung sind durchaus nicht einwandfrei und konnten durch MYERS nicht bestätigt werden. Wieviel von der

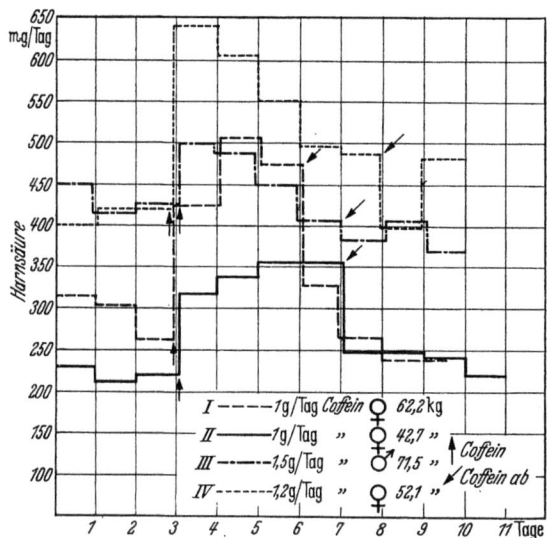

Abb. 14. Nach MYERS u. WARDELL (378). Ausscheidung von Harnsäure bei purinfreier Diät nach großen Koffeinmengen.

vermehrten Harnsäureausscheidung zurückzuführen ist auf eine Ausschwemmung von Depots im Organismus, etwa wie bei Atophan, oder durch Bildung aus Koffein selbst, ist primär unsicher[377]. An der Tatsache der vermehrten Ausscheidung können wir nicht zwei-

---

[376] CLARK, G. W. und A. A. DE LORIMIER: Amer. J. Physiol. Bd. 77 (1926) S. 491. Nach Koffein findet sich die Vermehrung von Harnsäure im Blut noch 14 Tage nach der letzten Koffeingabe, was die Unsicherheit der gesamten Resultate beleuchtet. Da die Versuche an Strafgefangenen ausgeführt wurden, ist ein Diätfehler wohl kaum anzunehmen. Der Schluß, daß Koffein die Harnsäurebildung vermehrt, ist durchaus nicht belegt.

[377] GALINOWSKI, Z.: zit. nach Rona Bd. 93 (1935) S. 334. Beim Leberkranken soll die Ausscheidung der Harnsäure durch Koffein entsprechend der Diurese vermehrt sein. In dem zugänglichen Referat finden sich weder Zahlen noch Dosierungen.

feln und nach allem, was wir über die Koffeinwirkung wissen, werden wir die vermehrt ausgeschiedene Harnsäure als Abbauprodukt des zugeführten Koffeins auffassen müssen. Die besten quantitativen Untersuchungen scheinen mir in den Versuchen von MYERS und WARDELL[378, 379] vorzuliegen. Hier wurden in sorgfältigen Experimenten die einzelnen Methoden der Harnsäurebestimmungen kritisiert und gegeneinander abgewogen. Die Autoren wiesen darauf hin, daß die Methode von BENEDIKT und FRANKE größere Werte als die Fällungsmethoden gaben[379]. Die vier Versuchspersonen wurden auf eine purinfreie Diät gesetzt und gleichmäßige Harnsäurewerte sichergestellt. Dann erhielten sie drei bis fünf Tage lang Koffeinmengen von täglich etwa 1—1½ g. Die Einzelheiten der Resultate habe ich aus den Versuchen kurvenmäßig dargestellt und gebe sie hier auf Abb. 14 wieder. Wir sehen auf dieser Abbildung die Gleichmäßigkeit der Harnsäureausscheidung vor den Koffeintagen, dann die vermehrte Ausscheidung an dem Tage, an dem Koffein gegeben wurde. Die vermehrte Ausscheidung reicht kaum einen Tag in die Zeit der Nachperiode hinein. Es wurde auch von anderen Autoren gefunden, daß eine vermehrte Harnsäureausscheidung nach Gaben von Koffein in 12—24 Stunden abgeschlossen ist, was den Befunden von KRUPSKI über die Koffeinausscheidung gut entspricht. Hinweisen möchte ich noch auf die oberste, die gekreuzte Kurve. Auf dieser Kurve finden wir an den aufeinander folgenden Tagen einen allmählichen Abfall der Harnsäureausscheidung. Dieser allmähliche Abfall wurde auch von CLARK und LORIMIER[376] bei den Versuchen an Strafgefangenen beobachtet, und zwar erfolgte der Abfall so stark, daß gar keine vermehrte Harnsäureausscheidung mehr stattfand trotz Weitergabe von Koffein. Diese Art des Verlaufs ist weder dort noch hier regelmäßig vorhanden, aber auch kein seltenes Ereignis. Die bisher niedergelegten, gewissermaßen in den Urwerten gegebenen Daten, gebe ich auf Abb. 15 noch einmal, und zwar nach zwei verschiedenen Richtungen durchgerechnet heraus. Auf der linken Seite der Kurve haben wir die Harnsäuremengen der Vorperiode als 100% angesetzt, und haben die Vermehrung, die durch die Koffeinzufuhr einsetzte, prozentual ausgerechnet. Wir sehen, daß bei so enormen

---

[378] MYERS, V. C. und E. L. WARDELL: J. biol. Chem. Bd. 77 (1928) S. 697.
[379] MYERS, V. C. und E. L. WARDELL: Proc. Soc. exper. Biol. a. Med. Bd. 23 (1926) S. 828.

Dosen von 1—1½ g Koffein, d. h. 20—30 Tassen starken Kaffees, die Werte ganz vorübergehend um 70% steigen, insbesondere auch

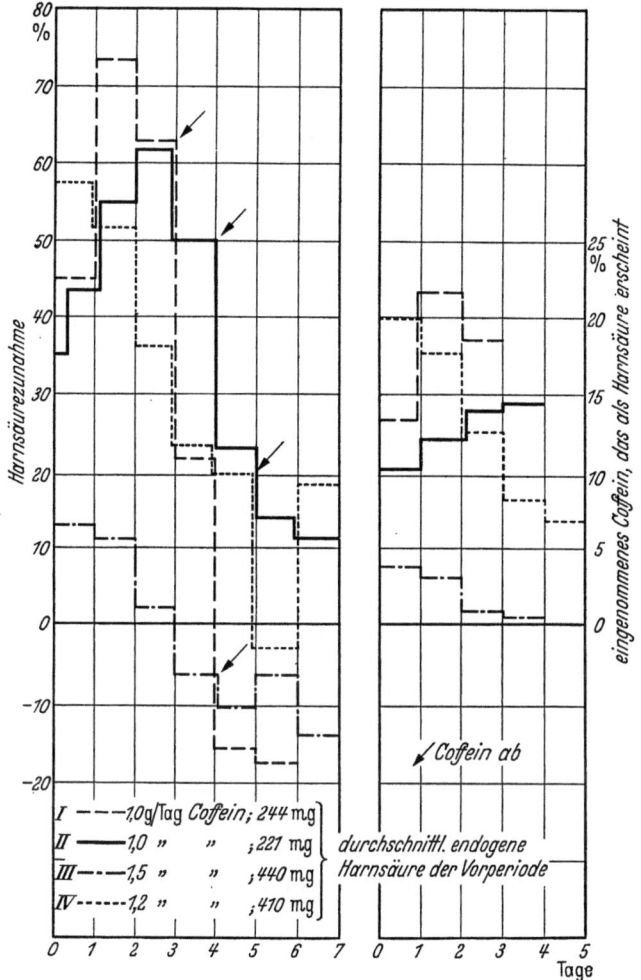

Abb. 15. Nach MYERS u. WARDELL (377). Links Änderung der Harnsäureausscheidung nach Koffein in % der endogenen Harnsäureausscheidung in der Vorperiode, rechts %-Satz des Koffeins, das als Harnsäure erscheint.

keine Kumulation stattfindet in dem Sinne, daß die ausgeschiedene Harnsäuremenge am 2. und 3. Tage weiter steigt. Bei Menschen muß man also die Koffeinwirkung jedes Tages einzeln, so weit sie die Anwesenheit der Substanz selbst betrifft, berechnen. Auf der rechten Seite der Kurve sehen wir, daß nur ein kleiner Teil des eingeführten Koffeins wirklich als Harnsäure erscheint. Bei Umrechnung finden wir maximal 20%, aber bis auf weniger als 5% herabreichend. Diese Werte stimmen voll mit den Resultaten anderer Autoren überein, die fast alle zu genau denselben Werten kamen. Eine Ausnahme machen die ältesten Untersucher, die mit der gravimetrischen Methode arbeiteten und vielfach gar keine Vermehrung fanden. Ähnliches könnte man bei der Versuchsperson 3 unserer Abbildung annehmen. Diese Tatsache führte dazu, daß MYERS und WARDELL[378] einen Augenblick die Möglichkeit diskutierten, ob hier Verbindungen mitbestimmt wurden als Harnsäure, die gar keine Harnsäure sind, und daß andere methylierte Zwischenprodukte die Reaktion vortäuschen, z. B. Trimethylharnsäure, eine Möglichkeit, die aber abgelehnt wurde. Abschließend kann man sagen, daß etwa 10—15% des eingeführten Koffeins als Harnsäure ausgeschieden werden. Bei diesen Verhältnissen wird man sich die Frage vorlegen müssen, ob es wirklich notwendig ist, dem Gichtkranken koffeinhaltige Getränke vollkommen zu verbieten. Wir würden Koffeinmengen von 0,2—0,3 g für unbedenklich halten. Dieser Darstellung schließt sich STEPP vom klinischen Standpunkt voll und ganz an.

Anschließend an diese Versuche wollen wir noch erwähnen, daß auch Theophyllin, nicht aber Theobromin, das zu 20% unzersetzt im Urin wiedergefunden wurde, zu einer vermehrten Harnsäureausscheidung führte. Die Ausscheidung ist also nicht abhängig von der Diurese. Genau dieselben Resultate mit diesen Purinen wurden auch bei Hühnern gefunden[380]. Anders dagegen ist hier das Kaninchen zu werten, das ja einen ganz anderen Harnsäurestoffwechsel hat. Bei diesem Tier wird die Ausscheidung von Allantoin als Äquivalent der Harnsäure durch Koffein beträchtlich vermehrt[381]. Die Ausscheidung überschießt aber die Zufuhr von Koffein, wenn man nach Molen rechnet[381]. Diese Ausscheidung soll abhängig sein von der Intaktheit der N. splanchnici[382]. Es ist merkwürdig, daß

---

[380] DREYER, N. B. und E. G. YOUNG: J. biol. Chem. Bd. 97 (1932) S. LXX.
[381] STRANSKY, E.: Biochem. Z. Bd. 133 (1922) S. 434 u. 446, 1 Tier 0,2 g/kg Koffein.
[382] DRESEL, K. und H. ULLMANN: Z. exper. Med. Bd. 24 (1921) S. 214, deshalb wird eine Theorie der Mobilisierung von Harnsäuredepots aus der Leber ausgesprochen.

der menschliche Organismus zwar nicht Harnsäure angreifen kann, wohl aber methylierte Verbindungen, während das Kaninchen Koffein sehr viel schlechter zerstört, aber Harnsäure zu zersetzen vermag. Hier ergeben sich prinzipielle Unterschiede zwischen Kaninchen und Mensch. Beide können aber methylierte Barbitursäuren wie Eunarkon und Evipan mit Leichtigkeit zerstören.

Sauerstoffverbrauch. Bevor wir jetzt zu weiteren speziellen Stoffwechseländerungen übergehen, müssen wir die Gesamtvermehrung oder -verminderung des Stoffwechsels besprechen, wie wir sie etwa in der Vermehrung des Sauerstoffverbrauchs messen. Bei dieser Vermehrung muß man prinzipiell zwei Möglichkeiten in Betracht ziehen, nämlich den vermehrten peripheren Sauerstoffverbrauch, der auch durch vermehrte Organarbeit zustande kommen könnte, wie z. B. LÖHR[383] den vermehrten Sauerstoffverbrauch bei seinen Versuchen an Meerschweinchen auf die vermehrte Nierenarbeit bezogen hat. Es könnte ebenso wie in den früher erwähnten Versuchen von HILL und SASLOW am isolierten Muskel der Grundprozeß im Stoffwechsel, der wirkliche Basalstoffwechsel, vermehrt sein, ebenso wie nach Thyroxin eine Erhöhung zustande kommt. Deshalb, weil solche Wirkungen immer wieder nachgewiesen wurden, wurde auch immer wieder versucht, die Koffeinwirkung ihren Umweg über eine Thyroxinausschüttung oder über die Schilddrüse nehmen zu lassen. So sollte z. B. die Stoffwechselsteigerung, die auch LÖHR beim Meerschweinchen gesehen hat, aufhören nach Exstirpation der Schilddrüse[384]. Bei Hunden soll sogar eine Vergrößerung der Schilddrüse zustande kommen, allerdings wurde derartiges nur an einem einzigen Tier beobachtet, das durch die hohen Koffeindosen starb[384a], meistens wurde derartiges an den anderen Methylxanthinen und auch an Xanthin selbst beobachtet. Zugleich mit der Hyperplasie soll die Schilddrüse das Bild einer vermehrten Aktivität aufweisen. Die beiden Auffassungen und Befunde widersprechen sich, denn wenn eine Substanz peripher angreift und den Stoffwechsel vermehrt, ist die Aktivität der Schilddrüse eher ver-

---

[383] LÖHR, H.: Biochem. Z. Bd. 139 (1923) S. 38, 0,15 g Coff. natr. benz. an 4 Tieren geprüft, Zunahme des Stoffwechsels von 45—94%. Gasanalyse.
[384] WOMACK, N. A. und W. H. COLE: Proc. Soc. exper. Biol. a. Med. Bd. 31 (1934) S. 1248, 75 mg/kg wurde gegeben.
[384a] COLE, W. H., N. A. WOMACK u. W. H. ELLETT: Arch. Surg. Bd. 22 (1931) S. 926.

104 Stoffwechsel.

mindert als vermehrt[384b] (Versuche mit C. NOACK ergaben bei toxischen Dosen auch eine Verkleinerung der Schilddrüsen von Ratten).

Gegen diese Auslegungen könnte man wohl die Tatsache anführen, daß nach Koffein sofort die Vermehrung des Sauerstoffverbrauchs eintritt, daß aber bei Zufuhr von Schilddrüsensubstanzen oder thyreotropem Hormon — und anders als durch Zugabe solcher Substanzen kann man wohl nicht die Wirkung erklären, wenn man nicht die schon früher erwähnte adrenalinsensibilisierende Substanz verantwortlich machen will — die Vermehrung des Grundumsatzes frühestens erst 24 Stunden später beginnt, wenn von der Koffeinwirkung nichts mehr zu bemerken ist. In beiden eben angeführten Versuchen betrugen die Dosierungen 100 mg/kg. Teilweise wurden so hohe Dosen gegeben, daß die Tiere während des Versuches zugrunde gingen, wie z. B. in den Versuchen von MALES[385] und CHAHOVITSCH[386]. Bei im Wasser lebenden Tieren wurden selbst durch hohe Konzentrationen keine Steigerungen des Sauerstoffverbrauches bemerkt[387]. Bei den Versuchen PILCHER und Mitarbeiter[163] an Hunden mit Dosierungen von 7,5—30 mg/kg Coff. natr. benz. wurden Werte gefunden, die den Durchschnitt nur einmal übertrafen und außerordentlich streuten. Es wurde in der ganzen Dosierungsbreite kein Erfolg gesehen. Wie stark die Streuungen lagen, zeigt folgendes: der Sauerstoffverbrauch stieg an in elf Experimenten, fiel ab in acht Experimenten und blieb unverändert in einem Experiment. Der durchschnittliche Anstieg betrug 1,5% (mit einer maximalen Steigerung von 39% und einem maximalen Abfall von 27,3%). Wir werden wohl daraus kaum einen positiven Effekt ableiten wollen, wie wir ihn jederzeit mit Schilddrüsenpräparaten erreichen können.

Am Menschen. Bei der Leichtigkeit, mit der die BENEDIKTsche

[384b] MARINE, J., D. E. BAUMANN, A. W. SPENCE und A. CIPRA: Proc. Soc. exper. Biol. a. Med. Bd. 29 (1932) S. 727, keine Versuche über Koffein.
[385] BANIMIRO MALES: Boll. Soc. ital. Biol. sper. Bd. 4 (1929) S. 1006. Eine Steigerung nach Kalorien gerechnet nur für eine halbe Stunde, bei peroraler Gabe nur ganz minimale Wirkungen, auch nur für kurze Zeit, Menge 0,08 Coff. natr. benz. pro Tier = 0,175 g/kg Koffein, Versuche an drei Ratten.
[386] CHAHOVITCH, X. und M. VICHNJITCH: J. Physiol. et Path. gén. Bd. 26 (1928) S. 389, 0,17 g/kg subkutan etwas Erhöhung, aber unklar dargestellt.
[387] BRINLEY, F. J.: J. Pharmacol. Bd. 42 (1931) S. 59, 0,02—0,04% Kaulquappen von R. catesbiana und Fisch Erimyson sucetta oblong.

Methode es gestattet, Zahlen über den Sauerstoffverbrauch des Menschen zu erhalten, wurden häufig solche Messungen auch beim Menschen ausgeführt[388] und zwar bei den verschiedensten Dosierungen. Nach Kaffee mit 0,25 g Koffein wurde an drei Versuchspersonen eine Steigerung von 6% von SCHIMMEL und Mitarbeitern[389] gefunden, neuerdings auch von MEYER[390] nach 17 g Vollkaffee und der entsprechenden Menge Kaffee Hag in Versuchen an sechs Personen. Die Unterschiede der Versuche sind beträchtlich, der Verbrauch wurde bis vier Stunden nach der Gabe beobachtet und dabei immer andere Verlaufsformen gefunden. Bei drei Versuchspersonen waren deutliche Steigerungen bis 10% vorhanden, während Kaffee Hag jede Wirkung vermissen ließ. Eine von diesen Personen hatte allerdings nur eine Steigerung von einer halben Stunde, eine zweite die maximale Wirkung in der dritten Stunde. In der zweiten Reihe von drei Versuchen waren nach Kaffee Hag beträchtliche Steigerungen bis zu 8% nachzuweisen und ebenso Wirkungen von einer Stunde Dauer beim Vollkaffee. Die Resultate sind also schwankend und Steigerungen nur dann wesentlich herauszulesen, wenn man die Spitzenwerte berücksichtigt und nicht verlangt, daß eine Stoffwechselsteigerung als Durchschnitt über die gesamten vier Stunden nachgewiesen werden soll, während der Zeit also, während der Koffein wirksam ist. Nebenbei wollen wir noch erwähnen, daß bei einer Reihe von Patienten mit Basedow die Stoffwechselsteigerungen größer gefunden wurden als normal. Das entspricht der schlechten Verträglichkeit dieser Kranken für Koffein. Bei ihnen tritt Herzklopfen (Pulsfrequenzvermehrung) sonstige Sensationen und Tremor verstärkt auf (STEPP). Ob der beobachtete vermehrte Sauerstoffverbrauch durch direkte Stoffwechselwirkung oder durch die vermehrte Unruhe veranlaßt wird, ist nicht geklärt, und vorerst unabhängig von der folgenden Darstellung.

Bei Messungen von Wärmeproduktionen wurde nach Dosierungen von 0,25—0,5 g Coff. natr. benz. von BOOTHBY und ROWNTREE[391]

---

[388] SCHOEN, R. und N. KAUBISCH: Dtsch. Arch. klin. Med. Bd. 150 (1926) S. 251. 1 Versuch, keine Dosierung angegeben.
[389] SCHIMMEL, S., M. DYE und C. S. ROBINSON: Z. Untersuch. Lebensmitt. Bd. 57 (1929) S. 576.
[390] MEYER, E.: Z. Untersuch. Lebensmitt. Bd. 69 (1935) S. 563.
[391] BOOTHBY, W. M. und L. G. ROWNTREE: J. Pharmacol. Bd. 22 (1923)

an fünf magenkranken Patienten der Mayoklinik Versuche unternommen und keine Einwirkung festgestellt. MALAMUD fand bei fünf Diabetikern geringe schwankende Steigerungen[392], GROLLMANN[245] gab nach 0,97 g Koffein eine Steigerung des Sauerstoffverbrauchs von 10% bei einer Versuchsperson, bei 0,65 keine Steigerung an. Hier sollen vor allen Dingen zwei Arbeiten erwähnt werden und zwar die Arbeit von MEANS und Mitarbeiter[244, 393] der mit Dosen von 8,6 mg/kg Koffein arbeitete und den Grundstoffwechsel 3—4 Stunden beobachtete. Er fand eine Steigerung bei seinen vier Versuchspersonen von maximal 6,7; 23,5; 7,4; 15,4%. Die ausgedehntesten Untersuchungen wurden von HORST und Mitarbeitern[393] an 14 Versuchspersonen und zwar zehn Männern und vier Frauen im Alter von meist 22—28 Jahren ausgeführt. Die Versuchspersonen wurden vorher mindestens 14 Tage koffeinfrei gehalten. Der Sauerstoffverbrauch wurde vor dem Versuch bestimmt, dann wurde der Kaffee getrunken und dann erfolgte die neuerliche Sauerstoffmessung nach BENEDIKT je zehn Minuten, eine halbe und 1½ Stunden danach. Die Koffeindosierung war 4 mg/kg, also 0,25—0,3 g pro Person im Kaffee. Bei der Einführung von Wasser war ein Anstieg von 2—3% zu erwarten, die durchschnittliche Steigerung nach koffeinhaltigen Kaffee betrug 8 und 9%, mit einer Abweichung, die das dreifache des mittleren Fehlers überstieg. Trennt man die Werte nach dem Geschlecht, dann verschiebt sich das Bild derart, daß bei Frauen 13 und 15% Steigerungen zu beobachten waren. Der Stoffwechsel nach Kaffee Hag stieg allerdings auch schon um 4 und 1%. Bei den Männern wurden 7 und 6% Steigerung beobachtet. Hier finden wir also einwandfreie Steigerungen, und ich glaube nach diesen Versuchen sind neue Versuche in dieser Richtung, die nicht irgendeinen neuen Gesichtspunkt bringen, nicht mehr notwendig.

Wenn wir so geringe Steigerungen hier festgestellt sehen, dann ist die Frage nach der Ursache der Steigerung durchaus nicht erledigt, denn wir müssen daran denken, daß wir früher schon in den Versuchen von HULL eine Steigerung des Tremors um 11% bei

---

S. 99. Bis 1½ Stunden gemessen, Adrenalin steigerte den Stoffwechsel 30—60 Minuten, bei Hunden wurde nach 36—105 mg/kg Koffein die Wärmeproduktion um 39—71% vermehrt. REICHERT zit. nach Anmerkung 244.

[392] MALAMUD, TH.: C. R. Soc. Biol., Paris Bd. 95 (1926) S. 1170.

[393] HORST, K., R. I. WILSON und R. G. SMITH: J. Pharmacol. Bd. 58 (1936) S. 294.

dieser Dosierungsbreite erwähnten. Der Stoffwechsel wäre dann also nicht auf eine echte Steigerung zurückzuführen und nicht zu vergleichen mit den Vorgängen wie sie etwa HILL und HARTREE[105,106] am Muskel gemessen haben. Ein Hinweis der unsere Auffassung bestätigte, ergibt sich nun aus Bemerkungen, die man leicht überliest, wenn man nicht darauf achtet. Die Versuchspersonen von HORST[393] waren in dem Benediktschen Apparat sehr trainiert, also an sich sehr geübt und geeignet. Aber sie waren so geübt, daß sie während der Atemversuche einschliefen und erst durch besondere Methoden am Einschlafen gehindert werden mußten. Wenn durch die aufmunternde Wirkung des Vollkaffees bei dieser Dosierung dieser Faktor fortfällt, ergibt sich ohne weiteres die Möglichkeit einer Stoffwechselsteigerung. Noch geeigneter sind die Versuche von MEANS[244] mit seiner großen Dosierung. Bei Berücksichtigung seiner Protokolle finden wir neben den schon oben erwähnten Zahlen der Stoffwechselsteigerung Bemerkungen über das Verhalten der Versuchspersonen während der Messungen. Es ist interessant, daß die Personen, die nur eine Stoffwechselsteigerung von 7% aufwiesen, den Vermerk am Rande tragen „very quiet" also sehr ruhig, die beiden anderen Versuchspersonen aber mit der höheren Steigerung nur den Vermerk „fairly quiet" also ziemlich ruhig. Besonders deutlich in dieser Richtung sind die Resultate bei Versuchsperson 4, deren durchschnittliche Steigerung 15,4% ausmachte. In der Periode der ersten bis zweiten Stunde war eine Stoffwechselsteigerung von 28% vorhanden mit dem Vermerk „fairly quiet". Schon in der darauffolgenden Stunde finden wir zugleich mit dem Vermerk „very quiet" einen Abfall dieser Steigerung auf 4%, also fast zur Norm. Wir werden die beobachteten Steigerungen ohne den Verhältnissen Zwang anzutun, auf eine zentral bedingte Unruhe zurückführen.

Diese Auffassung der Verhältnisse kann nun sehr wohl durch den Tierversuch entschieden werden, denn im Stoffwechsel haben wir die Möglichkeit, bei allen Tieren gleiche Wirkungen zu erzielen. Von dem Tierversuch her sind ja die Stoffwechselwirkungen von Thyroxin, Adrenalin und ähnlichen Substanzen bearbeitet worden. Solche Versuche hat Herr Dr. HINDEMITH im Breslauer Institut ausgeführt und mir seine bisherigen Resultate vor der Publikation zur Verfügung gestellt. Die Resultate dieser Versuche sehen wir zum Teil auf Abb. 16. Bei den Versuchen bis 25 mg/kg ist ein

vermehrter Sauerstoffverbrauch nicht zu bemerken, obwohl die
Tiere bei Kontrolle der Motilität eine erhöhte Beweglichkeit in den
ersten Stunden nach der Injektion in Übereinstimmung mit den
Befunden von DRUCKREY zeigten. Offenbar ist (zumal in den
engen Kammern) die Beweglichkeit nicht ausreichend, um den
Sauerstoffverbrauch zu steigern. Bei 50 mg/kg besteht eine Stoffwechselsteigerung für sechs Stunden. Nach der höheren Dosis von
100 mg/kg, die ebenso wie bei DRUCKREY zu einer verminderten

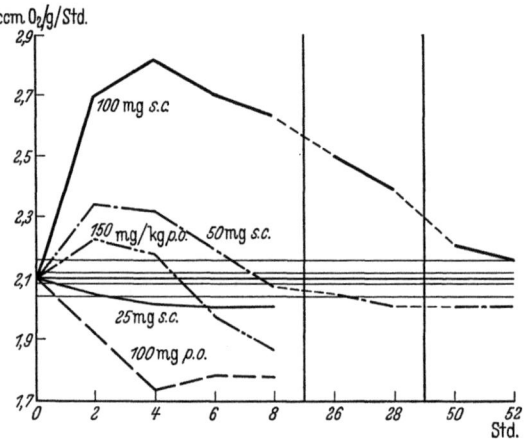

Abb. 16. Nach HINDEMITH. Wirkung von subkutanen und peroralen Koffeingaben auf den
O_2-Verbrauch der Ratte.

Motilität führt (Lähmungsstadium) dauert die Steigerung bis zum
nächsten Tage an, am übernächsten Tage (48 Stunden nach der
Injektion) hält die geringe Steigerung einer strengen statistischen
Betrachtung, die wir überall anwandten (jeden Punkt aus 32 Versuchen genommen) nicht mehr stand. Bei peroraler Gabe sind die
Verhältnisse schwieriger. HINDEMITH fand dort bei 25 mg/kg eine
leichte Steigerung in den ersten Stunden, die auf die Erregung
nach der Schlundsondierung zurückzuführen ist. Bei 50 mg/kg
übertraf die Steigerung diesen Fehler um etwas in den ersten
Stunden, die Steigerung reichte aber bei weitem nicht an den
Effekt bei subcutaner Gabe heran. Bei 100 mg/kg wurde eine
einfache Stoffwechselsenkung mit einem Minimum von 17% nach
vier Stunden (ohne jede Steigerung), die wir nach Abb. 16, sogar
am nächsten Tage angedeutet, sehen. Bei 150 mg/kg gibt es wieder

anfangs eine geringe Steigerung des Stoffwechsels mit anschließendem desto tieferen Fall. Diese überraschenden Resultate wurden so regelmäßig erzielt, daß an ihrer Wirklichkeit nicht zu zweifeln ist und hängen nicht mit einer Aufregung zusammen, wie Motilitätsversuche von HINDEMITH und ANGSTENBERGER zeigten.

Wie versuchen wir hier zu einer Erklärung zum Anschluß an bisher vorliegende Resultate zu kommen? Anscheinend ist für diese Stoffwechselsteigerung eine gewisse Geschwindigkeit der Aufnahme des Koffeins notwendig. Diese ist bei peroraler Gabe geringer als bei subcutaner, erst bei der Dosis von 150 mg/kg kommt diese Wirkung zur Geltung. Bei langsamer Überflutung des Organismus spielt ein zweiter Vorgang hinein, der zur Stoffwechselsenkung führt, der aber vielleicht schon durch die Lähmung seine Erklärung finden könnte (s. auch später den Abschnitt: „Isolierte Gewebe"). Die Stoffwechselerhöhung scheint aber zu den Beobachtungen von A. V. HILL und HARTREE[105] sowie SASLOW[106] am isolierten Froschmuskel eine Brücke zu schlagen. Diese Autoren beobachteten Steigerung der Wärmebildung und des Sauerstoffverbrauchs für viele Stunden, wenn der Muskel auch nur für kurze Zeit von 20—25 Minuten in eine Koffeinlösung von 0,02—0,05% getaucht, dann aber in normale Lösungen gebracht wurde. Wenn man dieselben Verhältnisse (wobei die wirksamen Konzentrationen vollkommen offen bleiben) hier auf die Ratte überträgt, werden wir dann, wenn höhere kurze Konzentrationwellen über den Muskel hinlaufen diese Wirkung erhalten, die solange nachdauert und die nach noch nicht publizierten Versuchen von VOLLMER im Breslauer Institut mit einer Hemmung z. B. der Chloridausscheidung im Urin einhergeht mit einer Vermehrung im Stadium der Restitution. Daß länger dauernde niedere Konzentrationen nicht wirksam sind, ersieht man aus den peroralen Gaben von 150 mg/kg. Wenn wir für diese Erscheinungen probeweise eine mathematische Formulierung versuchen wollen, würden wir die Formel schreiben: Wirkung $= a \cdot c^n$ ($n > 1$). Also die Wirkung steigt potenzweise mit der Konzentration, allerdings ist das wesentlichste die sich an die Konzentrationswelle anschließende Hysteresis, wodurch die Formulierung dahin abzuändern wäre: Hysteresis $= a \cdot c^n$. Auch diese Beschreibung hat nur Gültigkeit für engen Bereich, bei ganz großen Dosierungen (tödlichen) kommt es zu Kollaps, Abfall der Körpertemperatur und Stoffwechselsenkung. Wichtigkeit haben diese

Befunde, weil sie uns einen Einblick geben in die Arzneiwirkung z. B. bei intravenöser Injektion überhaupt und weiter, weil sie neuerlich und definierter darstellen, wie beim Genuß des Kaffees die Geschwindigkeit der Aufnahme zum Zustandekommen der Symptome notwendig ist, daß bei rascherer Aufnahme sogar neue Erscheinungen auftreten können. Diese ,,echte" Stoffwechselsteigerung kommt für den Kaffeegenuß nicht in Frage, weil sie sich weit außerhalb selbst der gewagtesten Genußdosen hält. Daß diese Vorstellung richtig ist und daß selbst durch einmalige hohe Gaben beim Menschen keine wesentliche Stoffwechselsteigerung eintreten kann, sieht man weiter aus den günstigen Erfolgen, die WÄNTIG [394] mit Koffeindarreichung bei der Luftkrankheit hatte. Bei dieser Krankheit spielt ja der Sauerstoffverbrauch eine wesentliche Rolle, und bei der peripheren Steigerung des Sauerstoffverbrauchs dürfte sich eher eine ungünstige als eine günstige Wirkung ergeben.

Körperwärme. Als Ergänzung zu unserer Darstellung muß man noch die Einwirkung auf die Körperwärme erwähnen. Die Angaben in der Literatur bei BOCK [370] sind bei Tieren mit tödlichen Dosen gewonnen. Wenn aber eine Substanz Krämpfe hervorruft, wird man sehr leicht mit Temperatursteigerungen rechnen müssen. Dagegen geben einen Hinweis auf unsere Darstellung die exakten Versuche am Menschen von COOPERMANN [55], der thermoelektrisch die Rectaltemperatur und zugleich die Beweglichkeit der Versuchsperson während des Schlafes bei den verschiedensten Koffeingaben registrierte. Bei diesen Versuchen hatten Dosierungen bis 0,26 g Koffein weder einen Einfluß auf die Motilität im Schlaf, noch auf die Körpertemperatur, trotz der im Bett doch vorhandenen guten Wärmeisolierung. Wurden aber die Dosierungen auf 0,4 g gesteigert, dann nahm zu gleicher Zeit mit der vermehrten Beweglichkeit im Schlaf die Rectaltemperatur zu. Der Temperaturanstieg war nun bei den einzelnen Versuchsbedingungen verschieden, wie z. B. die Versuche von SALANT [395] bei Temperaturmessungen an Hunden erweisen. Meistens kam es zu keiner Temperatursteigerung, nur gelegentlich zu einer Steigerung von 0,15—0,3°, die bei der unruhigen Temperatur des Hundes nicht ins Gewicht fallen. Hatte das Tier aber durch eine tiefe Chloralhydratnarkose einen

---

[394] WÄNTIG, W.: Luftfahrtmedizin Bd. 1 (1936) S. 178 u. 185.
[395] SALANT, W. und N. KLEITMAN: J. Pharmacol. Bd. 21 (1923) S. 214. Dosierungen nicht angegeben.

Temperatursturz von 2—4° gehabt, dann konnte durch dieselbe Koffeingabe ein Anstieg zur Norm erreicht werden. Diese Wirkungen werden wir auf eine Besserung des Kreislaufs beziehen, nicht auf eine Stoffwechselsteigerung. Vielleicht liegt ähnliches bei den Versuchen von CRILE und Mitarbeiter[396] vor, die bei ihren Versuchstieren thermoelektrisch die Temperatur von Hirn und Leber maßen. Koffein änderte diese Temperatur nicht, wirkte auch nicht sensibilisierend auf eine Adrenalininjektion, etwa derart, daß dadurch die Höhe der normal eintretenden Temperatursteigerung zunahm. Es folgte lediglich eine geringe Beschleunigung des Anstiegs, die aber nur gering war, weil der Gesamtverlauf nur 10 Minuten in Anspruch nahm. Dagegen wurde durch große Dosen Koffein die Temperatur fiebernder Ratten gesteigert[397]. Beim poikilothermen Kaninchen wurde von ISENSCHMIDT[400] durch Koffein eine Steigerung der Körpertemperatur um etwa 1° gesehen, die Dosierungen sind allerdings mit 0,15 und 0,2 g/kg Coff. natr. benz. so groß, daß man in den Bereich (auch bei Berücksichtigung der Zufuhrart) der von HINDEMITH beobachteten Wirkung gelangt.

Wenn nach den Versuchen von VOLLMER[400a] die Giftigkeit von Anilin durch den vermehrten O_2-Verbrauch gesteigert wurde, dann dürfte man erwarten, daß die Giftigkeit des Azetanilids am ganzen Tier durch Koffein vermehrt würde. Es wurde eher das Gegenteil beobachtet[398, 399].

Isolierte Gewebe. Eine Vermehrung der Oxydationsprozesse wurde auf folgende Weise nachzuweisen versucht: Durch Abklemmen einer Hautfalte oder eines Kaninchenohres wird festgestellt, wie lange es dauert, bis bei der spektroskopischen Beob-

---

[396] CRILE, G. W., A. F. ROWLAND und S. W. WALLACE: J. Pharmacol. Bd. 21 (1923) S. 222 u. 429.

[397] SMITH, P. K. und W. E. HAMBURGER: J. Pharmacol Bd. 55 (1935) S. 200. Na-Bromid konnte diese Wirkung nicht unterdrücken, also anscheinend peripher?

[398] HIGGINS, I. A. und H. A. MCGUIGAN: J. Pharmacol. Bd. 48 (1933) S. 276.

[399] HIGGINS, I. A. und H. A. MCGUIGAN: J. Pharmacol Bd. 49 (1933) S. 466 u. 478.

[400] ISENSCHMID, R.: Aepp. Bd. 85 (1920) S. 271. Die Resultate sind bei den zwei verwandten Tieren außerordentlich schwankend.

[400a] VOLLMER, H.: Aepp. Bd. 175 (1934) S. 424.

achtung die Umwandlung von Oxy-Hb in Hb beendet ist. In einem einzigen Versuch mit 0,1 g/kg Koffein intravenös wurde von MEYER und REINHOLD[401] eine vorübergehende Verkürzung der Reduktionszeit festgestellt, allerdings die Möglichkeit offen gelassen, daß es sich dabei um eine Änderung der Kapillardurchblutung handeln könne.

Auch an isolierten Geweben wurde versucht, solche Wirkungen festzustellen, z. B. an der Entfärbungszeit von Zytochrom bei Rattenhoden und an Schnitten eines Rektumkrebses. Durch 0,15—0,3proz. Lösungen von Coff. natr. salicyl. fand sich eine Verlängerung der Reduktionszeit, also eine Hemmung[402]. Mit dem bekannten Methylenblauverfahren von THUNBERG wurde an der Nervenfaser durch 1proz. Lösungen die Reduktionszeit verlängert. Die Hemmung betrug bei diesen hohen Konzentrationen bis 60%, bei 0,1% kommt es zu einer geringfügigen Verkürzung um 20 bis 30%. Dasselbe wurde an der Methode von Warburg bei direkter Messung des Sauerstoffverbrauchs nachgewiesen[403]. Eine beobachtete Hemmung von Vitalfärbungen bei Paramaezien ist wohl nicht hierher zu rechnen[404]. All die an isolierten Geweben gefundenen Ausschläge traten nur ein bei ganz hohen Konzentrationen, während dünnere Lösungen jede Wirkung vermissen ließen.

Kreatinin und Stickstoff. Neben dem Sauerstoffverbrauch kommen noch andere Stoffwechselwirkungen in Frage, wenn man ein Urteil über den Angriffspunkt von Koffein an der Schilddrüse untersuchen will. Dabei ist zuerst die Ausscheidung von Kreatinin zu erwähnen. Kreatinin wird vermehrt ausgeschieden bei intensiven sportlichen Leistungen, bei Basedow und Fieber, also bei allen starken Stoffwechselbeanspruchungen[405]. Auch nach Schilddrüsenfütterung kann derartiges erreicht werden. Dasselbe gilt für die Stickstoffausscheidung. Bei Vermehrung des Stoffwechsels

---

[401] MEYER, E. und A. REINHOLD: Klin. Wschr. 1926, I S. 1692.
[402] BIERICH, K. und A. ROSENBOHM: Hoppe-Seylers Z. Bd. 184 (1929) S. 246.
[403] SHERIF, M. A. F.: J. Pharmacol. Bd. 38 (1930) S. 11.
[403a], [403b] Zwei Doktorarbeiten aus Münster.
[404] BORNSTEIN, A. und E. RUETER: Pflügers Arch. Bd. 207 (1925) S.596. In 0,125proz. Lösung werden Paramaezien noch nicht getötet, nur eine Erweiterung der kontraktilen Vakuole wurde beobachtet.
[405] Oppenheimers Handb. d. Biochemie Bd. 8 S. 629ff., mit größeren Literaturangaben.

müßte man eine negative Stickstoffbilanz wenigstens vorübergehend erwarten. Wir sehen nach den Untersuchungen von MYERS und WARDELL[378] die Resultate auf Abb. 17 niedergelegt. Trotz der enormen Koffeingabe bis zu 1½ g/Tag — das sind 20 bis

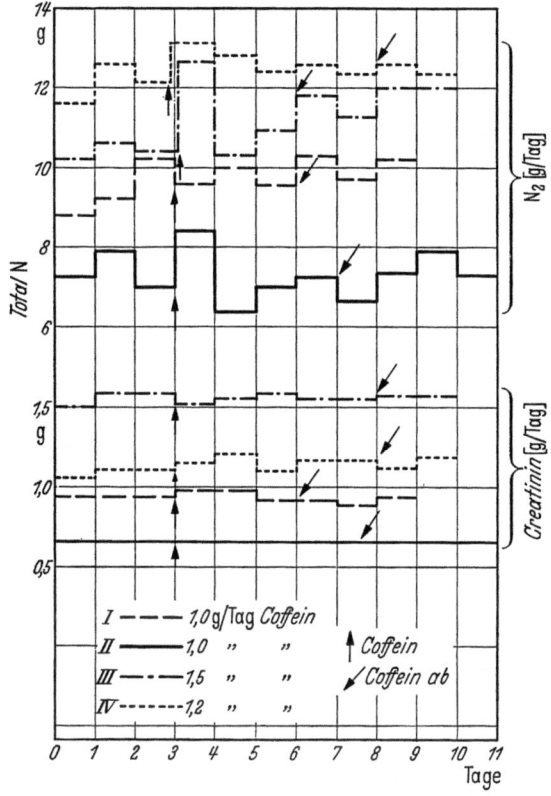

Abb. 17. Nach MYERS u. WARDELL (378). Ausscheidung von Kreatinin und Stickstoff in g/Tag nach großen Koffeinmengen. Keine Wirkung vorhanden.

30 Tassen starken Kaffees — findet sich keine Vermehrung der Ausscheidung. Das gilt sowohl für den Stickstoff, als auch für das Kreatinin in dem unteren Teil der Kurve. Damit ist nicht gesagt, daß man bei den Versuchstieren solche vermehrten Ausscheidungen nicht produzieren könne, wie es z. B. BRENTANO[406] beim Kanin-

---

[406] BRENTANO, C.: Aepp. Bd. 163 (1931) S. 156.

chen durch 0,2 g/kg Koffein gelang. Zugleich kam es in diesem Versuch zu einer Steigerung des Blutzuckers und Verlust von Leberglykogen. Aber schon etwas geringere Dosen führten bei demselben Versuchstier in der Arbeit von SALANT und RIEGER[407] zu keiner vermehrten Ausscheidung mehr (0,15 g/kg), allerdings nur unter der Voraussetzung, daß die Tiere genügend gefüttert waren, also genügend Leberglykogenvorräte da waren. Sobald die Tiere einige Tage gehungert hatten, konnte man bei dieser Dosis eine Kreatinurie herbeiführen. Eine gewisse Parallele finden wir in beiden Versuchen mit dem Verhalten des Kohlehydratstoffwechsels, worauf BRENTANO auch später hingewiesen hat und diese werden wir hier zuerst zu beobachten haben.

Kohlehydratstoffwechsel. Bei Erschöpfung der Glykogenvorräte und Ausschüttung des Zuckers ist natürlich das Auftreten von Zucker im Harn zu erwarten, wurde aber nur inkonstant erhalten. BARDIER und Mitarbeiter[192] benötigten 0,08 g/kg Koffein bei intravenöser und 0,3 g/kg bei subkutaner Zufuhr. Für Diuretin lagen dieselben Werte bei 0,2 g bzw. 1,0 g/kg, um eine einigermaßen zuverlässige Zuckerausscheidung zu erhalten, sowohl beim Hund als auch beim Kaninchen. Die Ausscheidung ist abhängig von der Glykogenreserve. Deshalb wird man den Befund derselben Autoren[408], daß die Adrenalinwirkung auf die Zuckerausscheidung durch vorherige Gabe von 0,1 g/kg Koffein intravenös verhindert werden kann, in der Richtung auffassen, daß durch die Vorbehandlung die Glykogenreserven dezimiert wurden. Im Gegensatz dazu wird durch eine Vorbehandlung der Tiere mit Koffein, die die Glykogenreserven noch nicht in Anspruch nimmt, der Anstieg des Blutzuckers nach Adrenalin stärker beobachtet, wie JUNKMANN[191] feststellte. Durch große Dosen ist auch bei Fröschen die Zuckerausscheidung abhängig von Glykogendepots[409], denn bei Hunger-

---

[407] SALANT, W. und I. B. RIEGER: Amer. J. Physiol. Bd. 33 (1914) S. 186. Die Auslegung, daß die Erschöpfung der Glykogenvorräte die Ursache der Kreatininausscheidung sei, wird von Fürth in Oppenheimers Handb. 1 bezweifelt. Die Autoren fanden bei Hunden keine vermehrte Kreatinin- und Stickstoffausscheidung.

[408] BARDIER, E., P. LECLERC und A. STILLMUNKES: C. R. Soc. Biol., Paris Bd. 85 (1921) S. 281.

[409] GAUTIER, CL.: C. R. Soc. Biol., Paris Bd. 90 (1924) S. 229, 7—10 mg je Frosch, d. h. etwa 0,25 g/kg.

fröschen konnte nur eine Glykosurie erzielt werden, wenn sie vorher reichlich Traubenzucker erhalten hatten.

Anscheinend ist diese Wirkung nicht unmittelbar, denn bei Durchströmung von isolierten Lebern der Kröte durch koffeinhaltige Lösungen konnte keine Wirkung erzielt werden[410]. Auf eine indirekte Beeinflussung weisen noch eine Reihe anderer Momente hin, z. B. erfolgte eine Steigerung des Blutzuckers beim Vergleich mit anderen Purinen wohl bei Koffein und Theozin, die beide zentral erregend wirken, weniger durch das nichterregende Theobromin[411]. Nach Durchtrennung der Nn. splanchnici oder Halsmarkdurchtrennung[191, 412] gelang es auch nicht, durch 50 mg/kg Koffein intravenös eine Wirkung zu erzielen. Das gilt selbst für die Muskulatur. Hier kommt es zum Verschwinden von Phosphagen und Glykogen bei so hohen Dosen wie 0,2 g/kg subkutan. Aber wenn Kurare gegeben wurde, also die zentrale Innervation nicht wirksam werden konnte, oder nach Durchschneidung der diesbezüglichen Nerven, wurde keine Verminderung des Phosphagens, außerhalb der Fehlergrenze, und sogar eine Vermehrung von Glykogen[413] gefunden. Wir werden dieser Vermehrung wegen des unzureichenden Versuchsmaterials keine Bedeutung beimessen, wenn auch von NAYER[414] eine Vermehrung des Glykogens im Muskel nach Koffein gesehen wurde, bei gleichzeitiger Gabe von Insulin und reichlich Traubenzucker. Auch am Herzen führte 70 mg pro kg Koffein nicht zur Verminderung des Glykogens, ebensowenig wie in der Leber und den Skelettmuskeln, dagegen beträchtliche Verminderungen wurden in allen drei Organen gesehen, wenn das Tier an Krämpfen zugrunde gegangen war, z. B. in den Versuchen von HAENDEL[415] nach 0,44 g/kg Koffein.

Nebennieren. Es läge nahe, die Ursache einer Mobilisierung von Glykogen ähnlich wie bei der Piqûre in einer Adrenalinausschüttung zu suchen, und ähnliches wurde auch gefunden. Die einzelnen Versuchstiere verhielten sich hier verschieden, wenn man die not-

---

[410] KIRA, G.: zit. nach Rona Bd. 22 (1922) S. 238.
[411] SENGA, H.: zit. nach Rona Bd. 27 (1924) S. 475.
[412] POLLACK: Erg. inn. Med. Bd. 23 (1923) S. 386.
[413] MASSAYAMA, T.: Aepp. Bd. 163 (1931) S. 562.
[414] NAYER, P. DE: Arch. internat. Pharmacodynamie Bd. 42 (1932) S. 461. Bei Kaninchen eine Zunahme von 26% bei drei Versuchen, diese Vermehrung tritt nach Arbeit nicht ein.
[415] HAENDEL, M. und A. MUNILLA: Biochem. Z. Bd. 212 (1929) S. 35.

116   Stoffwechsel.

wendige Dosierung berücksichtigte. Außerdem war die Wirkung abhängig von der Art der Blutentnahme. Wenn zu diesem Zweck Äthernarkose gegeben wurde, konnte eher eine Wirkung erzielt werden[416]. Immerhin wurde am Hunde, wenn er nicht narkotisiert wurde, durch 0,1 g/kg intravenös eine Wirkung erzielt[417], solange die Nn. splanchnici nicht durchschnitten waren, aber im Ausmaße nur gering[418]. Empfindlicher scheint die Katze zu sein, bei der auf 70 mg/kg eine Steigerung bis zum 10fachen auf über $\frac{1}{2}$ Stunde beobachtet wurde[419]. Die kurze Dauer der Ausschüttung macht es unmöglich, hierin eine Ursache der von HINDEMITH gefundenen Stoffwechselsteigerung zu sehen[423a]. Ähnlich wie nach Gabe von Traubenzucker kam es gelegentlich zur verminderten Phosphatausscheidung durch die Niere, wenn es in intravenöser Injektion zugeführt wurde, wobei die Nierenfunktion in keiner Weise gelitten hatte[420].

Insulin. Nach diesen Beobachtungen ist es verständlich, daß auch ein antagonistischer Einfluß des Koffeins gegenüber dem Insulin, soweit es den Blutzucker angeht, erreicht werden kann. Doch sind große Dosen zu diesem Zweck notwendig, wie bei den Versuchen von LABBÉ[421, 422] und MAGENTA[423]. LABBÉ verwandte bei seinen Versuchen an Hunden Dosen von 0,15—0,25 g/kg, also stark toxische Dosen und etwa 3—5 E Insulin pro Tier[422]. Beim Blutzucker schlug dabei die Insulinwirkung glatt durch, wenn auch vielleicht etwas abgeschwächt. Gelegentlich wurde der Tod aufgehalten. Die Autoren betrachteten beide Substanzen als Antidote. Von ihren Beobachtungen möchte ich hier nur ein Symptom erwähnen, nämlich daß die Tiere, wie selbstverständlich nach den großen Dosen, in intensive Aufregung und Krämpfe verfielen;

---

[416] WATANABE, M.: zit. nach Rona Bd. 46 (1928) S. 280.
[417] SATO, H. und T. AOMURA: zit. nach Rona Bd. 52 (1929) S. 296.
[418] SATAKE, Y.: Tokohu J. exper. Med. Bd. 17 (1931) S. 333.
[419] WATANABE, M.: J. Biophysics Bd. 1 (1925) S. LXXII; Rona Bd. 34 S. 223.
[420] BOLLIGER, A.: J. biol. Chem. Bd. 76 (1928) S. 797.
[421] LABBÉ, H. und B. THEODORESCO: C. R. Acad. Sci., Paris Bd. 178 (1924) S. 886.
[422] LABBÉ, H. und B. THEODORESCO: Ann. Méd. Bd. 16 (1924) S. 211.
[423] MAGENTA, M. A. und A. BIASOTTI: C. R. Soc. Biol., Paris Bd. 89 (1923) S. 1125. 0,05 g/kg waren wenig wirksam.
[423a] AGNOLI, R.: zit. Chem. Zbl. 1938, I S. 2905. Der Gehalt der Nebenniere an Aszorbinsäure nahm bei Zufuhr von Coff. benz. nicht ab.

wenn zu dem Koffein aber Insulin gegeben wurde, verfielen sie im Gegensatz dazu in Apathie. Eine ähnliche Wirkung von Insulin haben BENGEFORTH und ich seinerzeit[424] bei der Kombination von Salizylsäure mit Insulin bei Ratten beobachten können.

Mensch. Vielleicht kommt eine derartige Wirkung in Frage bei den klinischen Beobachtungen von POPPER[185, 425]. Aus diesen Beobachtungen möchte ich nur erwähnen, daß Dosierungen von 0,4 g Koffein sowohl bei subkutaner als selbst bei intravenöser Zufuhr nicht ausgereicht haben, irgendeine Wirkung auf den Blutzucker des Menschen hervorzurufen, ähnlich wie in den Versuchen von Dreikurs[208a]. Wenn Steigerungen auftraten, betrugen sie weniger als 10 mg-%, was in den Bereich der normalen Schwankung fällt. Wir sehen, daß die Beobachtungen beim Tier in betreff der Dosierung absolut beim Menschen reproduzierbar sind. Die günstige Wirkung auf hypoglykämische Symptome, die nicht mit irgendeiner Beeinflussung des Blutzuckers erklärt werden konnte, wurde von anderer Seite[426] auf eine Änderung der Quotienten: Albumin/Globulin zurückgeführt. Allerdings habe ich noch keine Angaben darüber gefunden, welche klinischen Symptome eine Änderung dieses Quotienten verursachen. Aus den hier mitgeteilten Beobachtungen werden wir nicht die Berechtigung ableiten[427], beim Zuckerkranken ein striktes Koffeinverbot zu empfehlen. Dieser Meinung schließt sich auch STEPP an. Doch müssen wir hier anfügen, daß die Röstprodukte im Kaffee, soweit sie Ähnlichkeit mit dem karamelisierten Zucker haben, keine schädlichen Wirkungen ausüben und anscheinend gut assimiliert werden[428, 429, 430].

Leber. Bei diesen chemischen Veränderungen werden wir die Befunde von TOCCO-TOCCO[431] verstehen, der bei seinen Hunden mit

---

[424] EICHLER, O. und F. BENGEFORTH,: Aepp. Bd. 188 (1938) S. 255.
[425] POPPER, L. und S. JAHODA: Diskuss. mit GREIFF und HOPPE: Klin. Wschr. 1931, I S. 263 u. 264.
[426] TAUBENHAUS, M. und S. ROSENZWEIG: Z. klin. Med. Bd. 118 (1931) S. 719.
[427] HOUSSAY, B. A.: Amer. J. med. Sci. Bd. 193 (1937) S. 581, über die Diabetesprobleme und die Funktion der Drüsen mit innerer Sekretion zusammengefaßt. Keine Erwähnung von Koffein.
[428] KRANTZ, R. MUSSER, C. H. CARR, F. BECK und T. N. CAREY: Arch. intern. Pharmacodynamie Bd. 55 (1937) S. 9.
[429] REIMER, G.: Dtsch. Arch. klin. Med. Bd. 132 (1920) S. 219.
[430] GRAFE, E.: Dtsch. Arch. klin. Med. Bd. 143 (1923) S. 1 u. 87.
[431] TOCCO-TOCCO, L.: Arch. Farmacol. sperm. Bd. 32 (1921) S. 161 u. 177.

großen toxischen Dosen von 0,25—0,5 g/kg Koffein Degenerationen der Leber und Annahme des Glykogens fand. Er fand aber auch, daß kleinere Dosierungen von 5—10 mg/kg lange Zeit ohne irgendeine ungünstige Wirkung vertragen werden. Wenn er aber schreibt, daß diese Dosierungen sogar einen vorteilhaften Einfluß mit Glykogenspeicherung im Gefolge haben, dann werden wir diesen Behauptungen nicht eher Glauben schenken, als bis einwandfreie chemische Untersuchungen vorliegen, denn die rein qualitative mikroskopische Untersuchung kann durchaus trügen. Ob die minimal vermehrte Ausscheidung von Katalase nach 0,15 g/kg Koffein[432] oder die Verminderung der Gallensäuren in der abfließenden Galle[433] irgendwelche Schädigungen der Leber darstellen, ist nicht zu entscheiden. Nach der Auffassung von MASSENGA[276] sind die Veränderungen der Leber mit Hämosidereineinlagerungen usw. nicht auf das Koffein, sondern auf die anderen Produkte des Kaffees zu beziehen.

Abschließend müssen wir noch erwähnen, daß Vorgänge, die zu einer Glykolyse führen, durchaus nicht Energie verbrauchen und sich so im Sauerstoffverbrauch auswirken müßten. Dazu gehören Reaktionen, die stärker exotherm verlaufen. Wir werden also in diesen Vorgängen kein Substrat der von HINDEMITH gefundenen Stoffwechselsteigerung sehen können. Auch in Pflanzensamen[434] wurde eine Anhäufung von Zucker durch Koffein, aber keine Vermehrung des Verbrauchs verursacht. Trotzdem kommt es bei den Versuchstieren in ganz hoher Dosierung doch zu einem vermehrten Verbrauch von Zucker, denn in vielen Fällen wurden die respiratorischen Quotienten erhöht gefunden, was natürlich, jedenfalls in der ersten Zeit der Wirkung, der vermehrten Ausatmung von Kohlensäure zuzuschreiben ist.

Die Schutzwirkung, die einige Purine, z. B. Xanthin und Guanin, auf die toxische Wirkung von Chloroform und Tetrachlorkohlenstoff ausüben, wurden bei Koffein nicht untersucht.

[431a] NEALE, R. C.: Science (N. Y.) Bd. 86 (1937) S. 83.

[432] BURGE, W. E.: J. Pharmacol. Bd. 14 (1919) S. 121, Hunde und Kaninchen.

[433] OKAMURA, T.: zit. nach Chem.-Ztg. 1930, I S. 1815.

[434] TOCCO-TOCCO, L.: Biochimica e Ter. sper. Bd. 11 (1924) S. 260.

Geschlechtsorgane und Vermehrung.

Uterus. Wir kommen jetzt zu der Beeinflussung der Geschlechtsorgane durch Koffein und Kaffee und zwar zuerst auf die Motilität des Uterus. Denn hier bestände die Möglichkeit, daß in der Schwangerschaft vorzeitige Wehen ausgelöst und bei empfindlichen Personen vielleicht Aborte veranlaßt werden könnten. Diese Gefahr besteht nicht, denn der Uterus wird durch Koffein gehemmt[435, 436]. Selbst in hohen Konzentrationen kann man im Uterus der Katze, Kaninchen, Meerschweinchen, Ratte keine Wirkung erzielen, ebensowenig wie bei den anderen Purinen[437]. Selbst durch Barium ausgelöste Erregungen können gehemmt werden, was auf den muskulären Angriffspunkt hinweist. Auch bei normalem Reiz, etwa durch Steigerung des Innendrucks, kommt es zur Hemmung, sodaß empfohlen wurde, Kaffee während der Geburt zur Beruhigung besonders großer Preßwehen zu verwenden[438].

Potenz. Wirkungen auf die Geschlechtsdrüsen vom Kaffee her wurden schon bei seiner Einführung in Europa behauptet. Nach Berichten von einer persischen Prinzessin soll die Potenz des Mannes dadurch geschädigt werden. Wir werden wahrscheinlich den Grund zu dieser Unzufriedenheit darin zu sehen haben, daß durch die Anregung des Verstandes rein psychologisch bedingt, ihr Gemahl zuviel Schach gespielt hat (siehe darüber Anmerkung 67a, 236). Einen anderen Grund wird diese Behauptung wohl kaum haben, da derartiges bisher nie beobachtet wurde, obwohl der Konsum des Kaffees beträchtlich zugenommen hat. Koffein wurde sogar zur Tonisierung der Keimdrüsen vorgeschlagen[439] und intensive Versuche im Laboratorium angestellt. Es handelt sich anscheinend um Selbstversuche. Zwei Stunden vor dem Koitus wurde 0,75 oder 1,5 g Koffein genommen[440]. Während des Koitus wurde das Gefühl der Libido subjektiv vermehrt, gefolgt von einem größeren Orgasmus und einem lebhaften Sinn der Wollust während des Aktes. Objektiv war die Menge des Ejakulates und der Spermien

---

[435] SHINAGAWA, M.: zit. nach Rona Bd. 37 (1926) S. 460.
[436] DOSORZEWA, P. M. und A. N. MOROSOWA: zit. nach Rona Bd. 103 (1937) S. 328.
[437] BACKMAN, E. L.: C. R. Soc. Biol., Paris Bd. 91 (1924) S. 125.
[438] KUERZEL, L.: Aepp. Bd. 127 (1928) S. 335.
[439] HOFBAUER, R.: Med. Welt Bd. 6 (1932) S. 783.
[440] AMANTEA, G.: Atti Accad. Lincai Roma Bd. 32, II (1923) S. 304.

vermehrt. Nach dem Akt blieb ein Gefühl nicht voller Befriedigung mit Fortdauer des sexuellen Appetits. Nähere Angaben wurden in der Publikation nicht gemacht, ebenso fehlen Zahlenangaben, aber ich möchte mich an dieser Stelle jeder Kritik enthalten. Immerhin werden wir zugeben, daß der psychologische Grund der geringeren Libido nur bei vorheriger geistiger Anregung gegeben ist, aber nicht wenn man so nach der Stoppuhr arbeitet und bei so hoher Dosierung.

Hoden und Ovarien. Isolierte Spermien wurden durch Koffein in Konzentrationen 1:10000 getötet[441], wahrscheinlich bedingt durch die schlechteren Lebensbedingungen außerhalb des Körpers (s. u.). Der Hoden ist in seiner Funktion ein außerordentlich empfindliches Organ. Die Neigung zur Atrophie ist leicht gegeben, wenn schwerere kachektische Erkrankungen oder Vergiftungen vorkommen. Wenn deshalb VACCA[442] bei seinen Hunden Atrophien erhielt und nach Exstirpation des einen Hodens während der Behandlung mit Kaffee der andere Hoden nicht mehr gewachsen war, sondern abgenommen hatte und Azoospermien und andere Veränderungen zeigte, dann liegt das ganz einfach an dem schwerkranken Zustand der Tiere, die zu Krampfanfällen und Zuckungen kamen. Solche Abmagerungen und Atrophien wurden z. B. auch nach Schilddrüsenfütterung von CONNOR[443] und auch bei zahlreichen anderen Vergiftungen erzielt, wenn die Tiere nur abmagerten.

In dieser Hinsicht liegen auch die Resultate von STIEVE[444],[445],[446], der bis zu 25 mg/kg keine Veränderungen in dem Verhalten seiner Russenkaninchen beobachten konnte. Sobald aber auf höhere Dosen größere Abmagerungen erfolgten, kam es zu Störungen in der Funktion der Hoden und besonders der Eierstöcke. Diese Erscheinungen wurden bei STIEVE vorwiegend beschränkt auf die ersten Tage nach der Koffeingabe gefunden. Wenn erst eine Gewöhnung an Koffein stattgefunden hatte, wurden die Verhältnisse besser. Ebenso ist verständlich, daß Tiere bei schweren

---

[441] UCHIGAKI, SH.: zit. nach Chem.-Ztg. 1930, I S. 403.
[442] VACCA, G.: Arch. Farmacol. sperm. Bd. 42 (1926) S. 62.
[443] CONNOR, L. C.: Arch. Path. Bd. 24 (1937) S. 315.
[444] STIEVE, H.: U. mikrosk.-anat. Forschg. Bd. 15 (1928) S. 599.
[445] STIEVE, H.: Z. mikrosk.-anat. Forschg. Bd. 23 (1931) S. 571.
[446] STIEVE, H.: Med. Welt 1929, S. 1133 u. 1173, hier Übertragung auf den Menschen.

toxischen Koffeindosierungen von 0,1 g/kg und mehr, auch in ihren Keimdrüsen geschädigt werden, ebenso verständlich ist ein Verwerfen von Weibchen, die mit diesen großen Koffeindosen behandelt werden[447]. Es ist aus der menschlichen Pathologie und der Pharmakologie der Volksabortiva bekannt, daß bei Einnahme großer Mengen von erregenden Substanzen, besonders wegen der Asphyxie bei leidendem Kreislauf usw. Aborte eintreten können. Jedoch liegt auch nach den Untersuchungen von STIEVE im Koffein kein Abortivum vor, das ohne Todesgefahr für die Mutter zum Abort führt, denn die Dosen waren schwer toxisch. Auch entnehmen wir aus dem Buch von LEVIN: Die Fruchtabtreibung durch „Gifte", daß Mengen von mehreren 100 g Kaffeepulver nur bei gleichzeitiger Anwendung anderer Manipulationen gelegentlich einen Abort verursachten. Deshalb hat sich der doch leicht zugängliche Kaffee als Abortivum im Volke nicht eingeführt.

Daß die Tiere im Wachstum zurückbleiben mußten, infolge der Kachexie der Mutter, die ein Stillen erschwerte[448] ist ebenso verständlich. Diese ganzen Fragen sind im allgemeinen nicht mehr als von gewissem toxikologischem Interesse. Erst dadurch, daß STIEVE diese Verhältnisse ohne weiteres auf das Kaffeetrinken beim Menschen überträgt, bekommen sie allgemeines Interesse und verlangen Berücksichtigung, nämlich ob Koffein, wie STIEVE behauptet, ein spezifisches Keimdrüsengift sei. Wenn aber eine Substanz ein spezifisches Keimdrüsengift ist, dann kann die Wirkung nicht abhängig sein von einer Gewöhnung, sondern muß Störungen hervorrufen, die sich von Generation zu Generation übertragen lassen müssen.

Obwohl aus den Versuchen von STIEVE selbst kein Anhaltspunkt für eine spezifisch keimdrüsenschädigende Wirkung durch Koffein hervorging, habe ich sie seinerzeit mit MÜGGE[449] einer Nachprüfung unterzogen. Wir wählten die Ratte als Versuchstier, weil damit die Möglichkeit eines größeren Tiermaterials gegeben war. Wenn Schädigungen auf die Keimdrüsen wirklich auftraten,

---

[447] STIEVE, H.: Z. mikrosk.-anat. Forschg. Bd. 41 (1937) S. 88.
[448] STIEVE, H.: Z. exper. Med. Bd. 96 (1935) S. 685.
[449] EICHLER und H. MÜGGE: Aepp. Bd. 168 (1923) S. 89, dagegen wurden Erbschädigungen berichtet bei Gaben von Hypophysenvorderlappenextrakt an Mäusen.
[449a] WOLFF, F. und M.: Z. Geburtsh. Bd. 114 (1936) S. 36.

dann mußten sich diese Schädigungen auch bei anderen Versuchstieren zeigen. Unsere Fragestellung ging dabei weit über die von STIEVE jemals angeschnittenen Fragen hinaus, weil das eventuelle Vorkommen sich addierender Erbschädigungen sich nachweisen lassen mußte. (Hier schnitten wir die Frage des echten Keimgiftes an, allerdings mit noch unzureichenden Mitteln*.) Die Dosierung wurde von uns so gewählt und so hoch festgelegt, daß wir an die toxische Grenze herangingen. Dadurch konnte der mögliche Einwand gleich widerlegt werden, nämlich, daß der Mensch empfindlicher sei. Wir können bei unserem menschlichen Kaffeegenuß die Dosis ohne weiteres vervielfachen, ohne daß tödliche Wirkungen eintreten. Diese Möglichkeit bestand bei der Dosierung unserer Versuche nicht, denn schon eine Steigerung der Dosierung um nur 50% hatte unweigerlich in wenigen Tagen den Tod zur Folge, weil die Ratten (ebenso wie die Kaninchen) Koffein sehr viel schlechter zerstören können, sodaß eine materielle Kumulation eintritt. Was wir in diesen Untersuchungen beobachten wollten sind aber nicht psychische Wirkungen, sondern rein körperliche, periphere. Diese hohe Dosierung wandten wir damals unter den ungünstigsten Bedingungen an, denn wir behandelten sowohl Männchen als auch Weibchen zugleich. Also mußte irgendeine Schädigung an irgendeiner Stelle sich ohne weiteres nachweisen lassen. Selbst in vier Generationen hintereinander bei großem Tiermaterial in Versuchen, die sich über mehr als drei Jahre erstreckten, waren keine irgendwie gearteten Schädigungen wie Unfruchtbarkeit, Verwerfen, geringeres Wachstum u. dgl. festzustellen.

Diese Resultate wurden jetzt bestätigt mit einem so feinen Indikator, wie dem Verhalten des Oestrus an der Ratte von WEISS[450], an der Maus von BAHR[451] bei STAEMMLER. Die von uns gewählte Dosis von 0,1 g/kg Koffein führte nur ganz vorübergehend zu einer Störung des Oestrus, niedrigere überhaupt nicht. Ebenso wurden keine histologischen Schädigungen an Hoden und Keimdrüsen gefunden, auch nicht an den Tagen, wo die Tiere eine Ge-

---

* STAEMMLER machte mich aufmerksam, daß der Ausdruck Keimgift sowohl bei STIEVE als bei mir falsch gebraucht wird. Zum Nachweis eines Keimgiftes gehören lange Zuchten mit Nachweis von Degenerationen. Hier dürfe man nur von Keimdrüsengift sprechen. Deshalb haben wir diesen Ausdruck angewandt.

[450] WEISS, H.: Aepp. Bd. 186 (1937) S. 34.
[451] BAHR: Arch. Gynäk. Bd. 164 (1937) S. 495.

wichtsabnahme zeigten (persönliche Mitteilung von STAEMMLER). Ich möchte darauf hinweisen, daß durch diese Versuche auch die von STIEVE[447] so gefürchteten Leberschädigungen als ungefährlich erwiesen wurden nach den Resultaten unserer Versuche. Denn die Tiere haben ihre Schwangerschaften immer gut und wiederholt gut durchgemacht. Nach unseren vorher erwähnten Versuchen über den Kohlehydratstoffwechsel der Leber werden wir übrigens bei den dort angegebenen und hier von STIEVE benutzten Dosierungen vielleicht gewisse Veränderungen erwarten können.

Die Koffeindosierung ist in der Schwangerschaft besonders zu berücksichtigen bei Dosierung nach kg/Körpergewicht. Das Körpergewicht nimmt während der Schwangerschaft rasch zu, das beruht auf dem Gewicht der sich rasch entwickelnden Föten. Diese Föten kommen im Gewicht zum Ausdruck, relativ genommen wahrscheinlich noch mehr als absolut, weil die Mutter an vielen Stellen eigene Substanz einbüßt, z. B. Knochen. Da das Koffein sich aber nur auf den mütterlichen Organismus ergießt in erster Phase, kann es leicht zur Überschreitung der tödlichen Dosierung kommen. Diese Verhältnisse gelten für sämtliche giftigen Substanzen.

Ich freue mich feststellen zu können, daß STIEVE in seiner letzten Arbeit von 1937[447] feststellte, daß die Resultate von EICHLER und MÜGGE mit den seinen durchaus vereinbar wären. Wenn man die Verhältnisse auf den Menschen übertragen will und von jeder Dosierung überhaupt absieht, wäre also die von uns damals daraus gezogene Konsequenz anzuerkennen: nicht der dauernde Kaffeegenuß ist gefährlich für die Fruchtbarkeit, sondern das gelegentliche Trinken einer Tasse Kaffee. Man bekommt z. B. in irgendeinem Gasthaus statt des verlangten Kaffee Hag — hier wollen wir einmal von der Dosierung nicht absehen, weil geringe Koffeinmengen im Kaffee bleiben ($<0,08\%$) — tückischerweise koffeinhaltigen Kaffee vorgesetzt. Dann wäre die Gefahr gegeben für den sonst nicht Vollkaffeetrinkenden, während der gewöhnlich Kaffeetrinkende solchen Gefahren nicht ausgesetzt ist, Kaffeetrinken wäre also eine Art Schutzimpfung. Ich muß mich hier deutlicher ausdrücken, weil STIEVE schon früher trotz unseres Einwurfes seine Versuche mit schweren toxischen Dosierungen bedenkenlos auf den Menschen überträgt, schon in der Arbeit in der Med. Welt von 1929[446] leicht verklausuliert. Ebenso neuerdings in dem Buch: ,,Mütter, die uns die Zukunft schenken"[452a] lese ich: „Wir wissen heute aus vielen genauen Beobachtungen, daß das Koffein ein ausgesprochenes Keimgift ist. Gerade die Tätigkeit der Eierstöcke und damit die Fruchtbarkeit der Frau vermag es in schwerster Weise zu beeinträchtigen...". An anderer Stelle wird Kaffee für gefährlicher als Tabak erklärt, obwohl wir wissen, daß bei Tabakarbeiterinnen Aborte auftreten, woraufhin STAEMMLERs bekannte Versuche mit der Nikotinschädigung zielten, während für Kaffee nicht der leiseste Anhaltspunkt vorliegt.

Empfindlichkeit des Menschen gegen toxische Dosen. In der erst erwähnten STIEVEschen Publikation wird darauf hingewiesen, daß der Mensch viel empfindlicher gegen Koffein sei als das Kaninchen. Abgeleitet wird diese Empfindlichkeit von einem Selbstversuch mit subkutaner Injektion von 1 g Koffein (= 15—20 Tassen Kaffee). Übergehen will ich die auf einem mißverstandenen Druckfehler beruhende seitenlange Berechnung in dieser Arbeit, nach der mehr Koffein ausgeschieden wird, als aufgenommen.

Wie es mit der verschiedenen Empfindlichkeit steht, haben wir während des Vortrages an verschiedenen Stellen gesehen, bei der Beeinflussung der einzelnen Organe z. B. gegenüber bedingten Reflexen, also zentrale Wirkung, dann bei der Diurese, dann die Herzwirkung, dann die Wirkung auf Leber und Stoffwechsel, überall haben wir ungefähr die gleiche Empfindlichkeit bei Mensch und Tier. Dosierungen von 1—1,5 g ([30, 54]) oder 16 mg/kg wurden wiederholt ohne irgendwelche wesentlichen Störungen und zwar auch in einer einzelnen Dosis, nicht über den ganzen Tag verstreut, genommen. Gelegentlich traten Unannehmlichkeiten auch schon bei niederen Dosierungen auf — wir haben an den betreffenden Stellen immer darauf hingewiesen —, aber psychischer Art und vielfach begünstigt durch Nikotin. Früher wurde schon von ROST[452] von einer Dosierung von 3,2 g Koffein, auf einmal genommen, berichtet, ohne daß lebensgefährliche Folgen auftraten. Es wurde bei völlig klarem Bewußtsein seelische Angst, Herzklopfen, Zittern, krampfartige Bewegungen in den Nackenmuskeln, Erbrechen und Diarrhoe genannt. Der schwere Zustand dauerte fünf Stunden, nach 24 Stunden war völliges Wohlbefinden ein-

---

[452] „Kaffee und Koffein", herausgegeben vom Kais. Gesundheitsamt Berlin 1903.
[452a] Mütter, die uns die Zukunft schenken, S. 20. Königsberg: 1936.

getreten. Ein ähnlicher Fall liegt nach 5 g Coff. citr. vor[35]. Die Erscheinungen bestanden in schweren Aufregungszuständen, aber es bestand keine Lebensgefahr. Wenn man aus diesen beiden Fällen die toxische Dosierung sehen will, bei der noch lange kein Lähmungsstadium eingetreten war, dann müssen wir die tödliche Dosis auf mindestens das Doppelte schätzen, und damit kommen wir genau in den Bereich unserer Laboratoriumstiere. Analog müßte man ansetzen: 0,1 g/kg Koffein entsprechend 100 Tassen Kaffee. Beim Kaffee verweise ich auch auf die oben angeführten Dosen zur Herbeiführung eines Abortes.

Geburtenzahl. Wir können außerdem noch die Veränderungen der Geburtenzahl in den einzelnen Ländern und Jahren in Beziehung setzen zu ihrem Koffeinverbrauch. Ich will auf folgende Momente hinweisen ohne nähere Zahlenangaben zu bringen. In Deutschland gab es eine Geburtenzahl von 35—40$^0/_{00}$ in den Jahren 1850—1870. Der Kaffeeverbrauch stieg zugleich mit der Zahl der Geburten von 1,25—2,55 kg/Jahr/Kopf der Bevölkerung, das sind dieselben Zahlen des Kaffeeverbrauchs, wie wir sie heute haben. In den Jahren 1911—1913 ging der Kaffeeverbrauch und die Geburtenzahl zugleich zurück, beide waren aber höher als heute, die Geburtenzahl betrug 28$^0/_{00}$. Ebenso finden wir die Verhältnisse in den Jahren seit 1933. Das Maßgebliche bei dem Geburtenrückgang ist nicht Unfruchtbarkeit, sondern die bekannten psychologischen Momente. Wenn wir nach STIEVES Behauptungen bei einzelnen Menschen eine Unfruchtbarkeit annehmen sollten, dann wäre das Experiment nach STIEVES Versuchen sehr leicht anzustellen. Die Betreffenden brauchten nur einmal 14 Tage keinen Kaffee zu trinken und schon müßte die Unfruchtbarkeit beseitigt sein.

In Fortführung unserer obigen statistischen Bemerkungen möchte ich hier nur auf die Geburtenzahl in den Niederlanden hinweisen. Dort ist der Koffeinverbrauch viermal so groß wie bei uns pro Kopf, die Geburtenzahl beträgt aber 25$^0/_{00}$. Zur weiteren Illustration dient Abb. 18 aus einer Arbeit von KLODT[453]. Auf der Abbildung sehen wir eine Atrophie des Uterus. Das Tier mit der Atrophie verwarf natürlich und war unfruchtbar. Das geschah mit all den Tieren, die in ihrer Nahrung 10% Kochsalz erhalten

---

[453] KLODT: Arch. Gynäk. Bd. 163 (1937) S. 665.

hatten. Also — müßten wir gleich nach STIEVE schließen — kommt die geringe Geburtenzahl bzw. die Sterilität durch zu starken Salzgenuß zustande. Nun ist es ein glückliches Ereignis, daß Koffein die Salzausscheidung begünstigt, also dieser Wirkung entgegenarbeitet. Damit könnten wir weiterhin ableiten, daß die starke Geburtenzahl in Holland gerade auf dem großen Koffeingenuß beruht, weil das „sterilisierende" Kochsalz besser ausgeschieden wird.

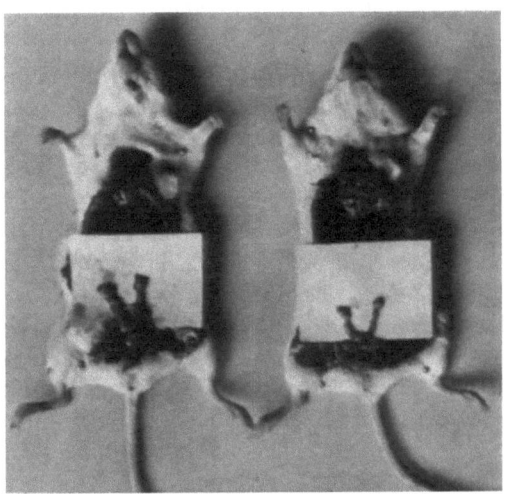

Abb. 18. Nach KLODT (453). Entwicklungshemmung des Uterus nach einer Diät mit großen Mengen von Kochsalz bei der rechten Maus. Linke Maus, Tier aus demselben Wurf, eine Entwicklungshemmung des behandelten Tiers ist nach der Größe nur angedeutet.

Alle solche Behauptungen entbehren jeder Grundlage. Die ausführliche Kritik war nur deswegen notwendig, weil die Publikationen sich an das breite Publikum richten, das selbst kein Urteil über die Grundlagen der Behauptungen hat. Ich will auf das Zustandekommen der einzelnen Versuchsresultate von STIEVE gar nicht eingehen. Nach den Feststellungen von STAEMMLER (private Mitteilung) in Breslau nehmen die mit Koffein behandelten Tiere tatsächlich anfangs nicht auf. Das liegt aber daran, daß sie so aufgeregt sind durch die hohe Koffeingabe, daß sie den Bock gar nicht heranlassen. Damit ergäbe sich die Erklärung für die Resultate von STIEVE, die in der Z. exper. Med.[448] mitgeteilt wurden.

Von ARUCH[454] wurde gefunden, daß Teeaufgüsse mit 0,22% Koffein von den Kaninchen sehr gerne genommen wurden und daß sie dabei sehr gut an Gewicht zunahmen. Er schlug deshalb vor, den Tee bei der Ernährung von Haustieren nutzbar zu machen. Nach den Versuchen von STIEVE werden wir diesen Vorschlag bedenklich finden.

Entwicklungshemmungen. Wenn STIEVE bei so hohen Dosierungen von Koffein eine Entwicklungshemmung gefunden hat, auch z. B. in der Bildung von Eifollikeln, dann werden wir uns umsehen, ob ähnliche Hemmungen in der Entwicklung vielleicht anderwärts auch gesehen wurden. Die Wirkung auf die Keimung von Gerste[455] und sonstiges Getreide[456], der Samen von Zinnia elegans[457], die Stickstoffassimilation der Leguminosen[458] ist vermehrt bei niedrigen Konzentrationen, bei höheren Konzentrationen ist immer eine Hemmung vorhanden. Auch die Blütenbildung, z. B. bei Iris und anderen Pflanzen[459], wird durch verdünnte Koffeinlösungen beschleunigt.

Genau dieselben Verhältnisse finden wir bei den Bakterien. 1 proz. Lösungen hemmen die meisten Bakterien[460] und können zur Konservierung von Milch, Serum usw. benutzt werden[461], auch bei pathogenen Keimen, z. B. Milzbrand, Coli, Cholera, Staphylokokken, B. typhi. Bei größeren Verdünnungen konnten günstige Wirkungen auf das Wachstum erzielt werden. Darauf ist aber wohl nicht ein zufälliger Befund zurückzuführen, den BLUMENBERG und ich[462] in Breslau mit unseren Rattenkolonien gemacht haben. Durch hohe Koffeindosen wurde eine vorhandene latente Laboratoriumsinfektion zum Aufflammen gebracht bei Dosierungen von 50—100 mg/kg, während 25 mg/kg keine andere Letalität hatten

---

[454] ARUCH, E.: zit. nach Rona Bd. 8 (1920) S. 450.
[455] BOKORNY, TH.: zit. nach Chem.-Ztg. 1925, I S. 2343.
[456] TOCCO-TOCCO, L.: Biochimica e Ter. sper. Bd. 11 (1924) S. 260.
[457] ZANDA, G. B.: zit. nach Rona Bd. 48 (1928) S. 644.
[458] VITA, N.: Biochem. Z. Bd. 252 (1932) S. 278.
[459] AMLONG, H. U.: Umsch. 1937 S. 1036. Bei Spirogyra treten Niederschlagsbildungen in den Zellen bei Koffein ein, die aber als Gerbstoffniederschläge identifiziert wurden.
[459a] MANGENOT: C. R. Soc. Biol., Paris Bd. 101 (1929) S. 746.
[460] SECHI, E.: Arch. internat. Pharmacodynamie Bd. 37 (1930) S. 181.
[461] ZANDA, G. B.: zit. nach Rona Bd. 47 (1927) S. 517.
[462] BLUMENBERG und O. EICHLER: unveröffentliche Versuche im Druck.

als die Kontrollen, obwohl die Erreger im Kot der Tiere nachgewiesen werden konnten. Man sieht immer wieder (HINDEMITH, VOLLMER usw.), daß etwa bei der Dosis von 50 mg/kg eine neue Stoffwechselreaktion in Gang kommt. Der Befund von BLUMENBERG und mir scheint mir auch manche pathologisch-anatomischen Befunde, die immer wieder nach Koffein gefunden wurden, verständlich zu machen, z. B. besteht die Möglichkeit, daß Kokzidieninfektionen gerade bei Kaninchen provoziert werden. Die Leukozyten werden zwar auch durch hohe Koffeindosen gelähmt[463], während das Ausdauern der Erythrozyten durch Koffein auch gegenüber hämolytischen Giften[464] erhöht wird, aber die notwendigen Konzentrationen können im Organismus nicht erreicht werden.

Am wichtigsten sind die Untersuchungen, die z. T. durch STIEVES Versuche angeregt wurden und die sich mit der Einwirkung von Koffein auf die Zellteilung beschäftigen. Schon früher gab es zwei Untersuchungen in dieser Richtung. Ältere Experimente[465] wurden an Eiern der Arabica punctulata ausgeführt. Konzentrationen von 0,025—0,05% erwiesen sich wenig wirksam auf die Teilung des Eies. Bei 0,1% wurde die Teilungsdauer auf das Doppelte verlängert. Hemmung bei schwimmenden Larven trat nur in den höchsten Konzentrationen ein.

Auch bei lokaler Behandlung von überlebenden Schleimhautstückchen von Salamanderlarven wurde durch 0,2 proz. Koffeinlösung, ebenso auch bei den Staubfadenhaaren von Tradiscantia pilosa, die zu beobachtenden Mitosen der Zellkerne an Zahl vermindert, also eine Hemmung erzielt[466].

Am wichtigsten sind die Untersuchungen an Seeigeleiern von DRUCKREY[467], der die ganze Frage systematisch untersuchte. 0,02 proz. Koffein führte bereits zur Hemmung der Entwicklung.

[463] FORTI, G.: Arch. Farmacol. sperm. Bd. 41 (1926) S. 102.
[463a] FORTI, G.: zit. nach Chem.-Ztg. 1929, II S. 1560.
[464] ZANDA, B. G.: Arch. Farmacol. sperm. Bd. 45 (1928) S. 81.
[464a] ZANDA, B. G.: Arch. Farmacol. sperm. Bd. 49 (1930) S. 21.
[465] HINRICHS, M. A. und I. T. GENTHER: Proc. Soc. exper. Biol. a. Med. Bd. 27 (1929) S. 189.
[466] MAINX, F.: Zool. Jb., Abtlg. allg. Zool. Bd. 41 (1924) S. 553.
[467] DRUCKREY, H.: Aepp. Bd. 188 (1937) S. 208. Fibroblasten, die durch koffeinhaltiges Medium wiederholt hindurchgingen, erlangten eine gewisse Resistenz wie bei STIEVE.

Diese Wirkung war bei 0,08% bei der Einwirkungsdauer von 20 Minuten gut reversibel, während auch hier das Blastulastadium selbst bei 1,5 proz. Lösungen nicht gestört wurde, obwohl das Wachstum vollkommen stillstand. Ebenso wurden die Spermien in ihrer Beweglichkeit nicht gehemmt, die Befruchtung war normal, aber es fand keine Teilung statt. Dasselbe wurde bei Gewebskulturen beobachtet. DRUCKREY betonte, daß also von einer speziellen Wirkung auf die Geschlechtszellen gar keine Rede sein könne. Diese Untersuchungen halte ich deswegen für wichtig, weil die Möglichkeit besteht, Zellteilungsvorgänge zu hemmen, anscheinend ohne sonstige merkbare Schädigung des Plasmas. Auch durch hohe Vitaminkonzentrationen wurden allerdings neuerlich solche Effekte erzielt.

Wachstumshemmung. Diese Untersuchungen führen uns zu der Frage der Wachstumshemmungen bei höheren Tieren. Solche Hemmungen werden bei Kaulquappen beobachtet, wenn sie in Konzentrationen von weniger als 1:10000 gesetzt wurden[468].

Bei den verschiedensten Tieren wurde ähnliches beobachtet, wenn man genügend große Dosen verabfolgt, z. B. beim Hühnchen[469] mit Dosierungen von 0,12—0,19 g/kg in aufsteigenden Reihen, wobei aber schon gelegentlich Todesfälle auftraten. Zugleich wurde auch eine geringere Nahrungsaufnahme als ohne Behandlung beobachtet. Am geeignetsten für solche Untersuchungen sind Ratten mit ihrem lang anhaltenden Wachstum. Hier kommt es bei großen Dosen auch zu einer negativen Kalziumbilanz mit besonderer Ausscheidung im Urin[470]. Bei der Maus waren 20% der tödlichen Dosis der Nahrung beigemischt, noch nicht wirksam auf das Wachstum = 62 mg/kg[398], die Wirkungen setzen also bei derselben Dosierung wie bei der Ratte ein, nämlich bei 0,1 g/kg. Bei diesen Dosierungen waren in Versuchen von EICHLER und MÜGGE auf die Dauer der Jahre berechnet kein Zurückbleiben zu beobachten, der

---

[468] MACHT, D. I. und W. BLOOM: Proc. Soc. exper. Biol. a. Med. Bd. 18 (1921) S. 241. 1:10000 tötete die Kaulquappen in 12 Tagen. Über die hemmende Konzentration keine Angabe.

[469] CHASE, R. E.: Amer. J. Physiol. Bd. 85 (1928) S. 527.

[469a] CHASE, R. E.: Amer. J. Physiol. Bd. 81 (1927) S. 469, hier keine Angabe der Dosierung.

[470] SWANSON, P. P. und C. A. STORVICK: Amer. J. Physiol. Bd. 109 (1934) S. 103, 1,7 g Koffein auf 600 g Roggenstärke mit Kaffeeinfus angetrocknet. Nähere Dosierungen nicht angegeben.

anfängliche Verlust glich sich später aus. Am wichtigsten bei solchen Untersuchungen scheint hier die Frage, inwieweit eine wirkliche chronische Vergiftung vorliegt mit Dauerschädigung des Organismus. Wir kennen zahlreiche andere Giftstoffe wie z. B. Schwermetalle, Arsen usw., die auch nach Absetzen eine Erholung der Tiere außerordentlich lange verhindern. Wie sich die Koffeinvergiftung in dieser Hinsicht bei Ratten auswirkt, sehen wir auf Abb. 19 der Arbeit von SMITH[471]. Auf dieser Abbildung sieht man die Entwicklungshemmung in Form des Zurückbleibens des Körpergewichtes. Da verringerte Nahrungsaufnahme vorhanden ist, werden wir es sehr fraglich finden, ob dieser Befund wirklich auf der durch DRUCKREY beobachteten Entwicklungshemmung beruht, da die verlangten Konzentrationen in der Ratte doch nur geringe Bruchteile der gesamten Tageszeit zur Geltung kommen. Worauf wir aber hinweisen möchten, ist das sofortige Ansteigen des Körpergewichtes nach Aufhören der Koffeinzufuhr, sodaß der ganze Gewichtsverlust in wenigen Wochen ausgeglichen ist. Also diese großen Dosierungen verursachen wohl eine Hemmung des Wachstums, aber keine Dauerschädigungen. Nur dadurch, daß eben immer große Koffeinmengen im Organismus wirksam bleiben, kommt es überhaupt zu solchen Hemmungen.

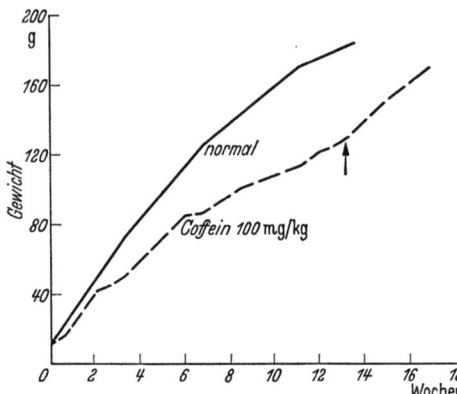

Abb. 19. Nach SMITH (471). Rattengewichte bei großen täglichen Koffeingaben mit resultierender Entwicklungshemmung gegenüber den Kontrollen. Beim ↑ Absetzen des Koffeins, ohne Verzögerung beginnt verstärkte Gewichtszunahme.

Organgewichte bei chronischer Darreichung von Koffein. Bei dem Mangel von nachhaltigen Störungen nach Absetzen des Koffeins werden wir uns fragen, ob die Befunde von Herzhypertrophie, die STIEVE[448] bei Russenkaninchen gefunden hat, wirklich echt sind und auch nach Absetzen der großen Koffeinmengen bleiben.

---

[471] SMITH, P. K. und W. E. HAMBURGER: J. Pharmacol. Bd. 57 (1936) S. 43.

Daß solche Rückbildungen hypertrophischer Organe möglich sind, sieht man nach OSBORN[472], der nach reichlicher Fleischfütterung von Ratten einen Gewichtsanstieg der Nieren um 50% erhielt, der sich nach Absetzen der einseitigen Nahrung ohne weiteres zurückbildete. Die Zunahme des Herzgewichtes bei den Versuchen von STIEVE war derart, daß der Anteil des Herzens am Körpergewicht von $1,85^0/_{00}$ auf $2,68^0/_{00}$ stieg. Zunahmen werden im allgemeinen nur dann gefunden, wie die Kliniker sagen, wenn häufige und langdauernde Erweiterungen des Herzens vorhergegangen sind, d. h. also zugleich mit einer Spannungszunahme der Herzmuskelfaser. Es wäre natürlich möglich, solche Herzhypertrophie auf die zahlreichen Aufregungszustände bei den toxischen Koffeinmengen zurückzuführen. KRETSCHMER[473] wollte diese von STIEVE gefundenen Veränderungen auf die große Flüssigkeitszufuhr zurückführen, die mit einer Menge von 50—60 ccm/kg/Tag beim Kaninchen deswegen beträchtlich sei, weil es als Wassersparer an die Aufnahme so großer Flüssigkeitsmengen nicht gewöhnt sei. Zusammen mit NOACK habe ich diese Versuche an einer großen Zahl von Ratten wiederholt, um keine Möglichkeit eines statistischen Fehlers zuzulassen und gebe unsere Resultate von Tieren, die sechs Monate täglich behandelt wurden, auf Tab. 1 wieder. Jeder der Werte bedeutet einen Durchschnitt von 10—20 Tieren. Daneben findet sich noch die Streuung des Mittelwertes und die Differenz mit ihrer Streuung aufgeschrieben.

Tab. 1 (nach NOACK). Organgewichte in $^0/_{00}$ der Körpergewichte.

	Herz		Leber	
	Durchschnitt	Differenz	Durchschnitt	Differenz
Kontrolle	$0,40\pm0,010$	—	$4,39\pm0,30$	—
2,5 mg/100 g Koff. subk.	$0,42\pm0,014$	$+0,02\pm0,017$	$4,58\pm0,23$	$+0,19\pm0,38$
5,0 mg/100 g Koff. subk.	$0,41\pm0,017$	$+0,01\pm0,020$	$5,24\pm0,18$	$+0,85\pm0,35$
[7,5 mg/100 g Koff. subk.	$0,48\pm0,020$	$+0,08\pm0,025$	$5,68\pm0,27$	$+1,29\pm0,40$]
10,0 mg/100 g Coff. subk.	$0,42\pm0,014$	$+0,02\pm0,017$	$4,88\pm0,33$	$+0,49\pm0,45$
10,0 mg/100 g Coff. peroral	$0,39\pm0,020$	$-0,01\pm0,025$	$5,78\pm0,56$	$+1,39\pm0,34$

[472] OSBORN: zit. nach BEARD: Amer. J. Physiol. Bd. 72 S. 658.
[473] KRETSCHMER, W.: Dtsch. Arch. klin. Med. Bd. 180 (1937) S. 318.

Tab. 2 (nach NOACK). Organgewichte in % des Körpergewichtes.

		Herz		Leber	
		Durchschnitt	Differenz	Durchschnitt	Differenz
Kontrolle	Endgewicht	0,65 ±0,041	—	5,16 ±0,43	—
	Maximalgewicht	0,48 ±0,023	—	3,91 ±0,42	—
10,0 mg pro 100 g Koffein subkutan	Endgewicht	0,61 ±0,030	−0,04 ±0,050	5,57 ±0,27	+0,41 ±0,49
	Maximalgewicht	0,50 ±0,023	+0,02 ±0,032	4,70 ±0,30	+0,79 ±0,51
2,5 mg/100 g Koffein subkutan	Endgewicht	0,60 ±0,029	−0,05 ±0,050	4,92 ±0,19	−0,24 ±0,47
	Maximalgewicht	0,47 ±0,016	−0,01 ±0,028	3,94 ±0,16	+0,03 ±0,46

Man sieht vorerst aus den Versuchen beim Herzen, daß keine Andeutung einer Hypertrophie vorhanden ist, keine Hypertrophie, die statistischer Betrachtung standhält. Bei den ganz großen Dosen finden wir sogar die niedrigsten Werte. Beim Vergleich der Streuung der Differenz mit der Größe der Differenz findet man, daß beide sich gleichen. Eine Ausnahme in der Reihe macht die Dosierung von 7,5 mg/kg, bei der die Differenz die Streuung um das dreifache übertrifft. Wir müssen aber hinzufügen, daß der Wert deswegen nicht brauchbar ist, weil in dieser Gruppe nur fünf Versuchstiere vorhanden sind. Eine Streuung bei fünf Versuchstieren auszurechnen ist aber sinnlos. Wir haben den Wert in der Tabelle nicht elidiert, weil wir die Fehlermöglichkeiten demonstrieren wollten. Ein isolierter Wert ohne die dicht dabei liegenden Nachbardosen ist außerdem von anfechtbarem Wert.

Das gilt auch für die angegebenen Lebergewichte, die STIEVE besonders vergrößert fand. In diesem Falle ist die Dosis von 2,5 mg pro 100 g Ratte ohne Folgen, 5 mg pro 100 g haben eine Differenz, die das dreifache der Streuung zwar nicht übertrifft, aber doch ist die Differenz fast das zweieinhalbfache. Wenn wir aber die Durchschnittswerte mit ihren isolierten Streuungen betrachten, dann finden wir bei diesem Wert eine unternormale Streuung, so daß die weitere Schätzung der positiven Differenz abnimmt. Das um so mehr, als die doppelte Dosis keine Bedeutung besitzt. Dagegen finden wir eine beträchtliche Vergrößerung bei der Dosis von 10 mg/100 g peroral.

So schwierig liegen die Dinge bei Berücksichtigung ausschließlich der Tiere, die gut zugenommen haben. Zur Illustration geben wir auf Tab. 2 Werte von den Tieren, die nach Überschreitung eines Höchstgewichtes bis zum Tode abgenommen haben. Rechnen wir das Herzgewicht auf das Maximalgewicht, dann bekommen wir den Anschluß an die Werte der Tab. 1, beim Endgewicht aber sind viel höhere relative Gewichte vorhanden. Das gilt auch für die Leber. Vergleicht man aber die Gewichte bei den entsprechenden Vergleichstieren, dann findet man wieder die Differenz von derselben Größenordnung mit der Streuung. Bei STIEVE, der statistische Betrachtungen nicht anwendet, finden wir teilweise Tiere, die beträchtlich abgemagert sind, teilweise Tiere, die nicht abgemagert sind. Also muß die Streuung enorm sein, wenn wir die Erfahrungen nach unserem Material, das sich auf mehrere 100 Tiere erstreckt, zugrunde legen. Statistisch sind also diese Befunde nicht bedeutsam in der erwarteten Richtung, und trotzdem können wir nach unseren Zahlen nach der großen peroralen Gabe die Möglichkeit zugeben, daß zwar nicht das Herz, wohl aber die Leber etwas vergrößert sein könnte.

Diese Beobachtung würde sich einfügen in unsere vorherigen Darstellungen über die Beeinflussung des Glykogenhaushaltes bei den Gaben von Koffein. Wir finden genau in Einklang mit unseren vorigen Darstellungen, daß Dosierungen von 25 mg/kg bestimmt ohne Bedeutung sind. Also liegen diese Veränderungen weit außerhalb der menschlichen Genußdosis. Wir werden ihnen keine Bedeutung für Schädlichkeit oder Unschädlichkeit des Kaffeegetränkes zubilligen können, selbst wenn sich hier diese Einwirkungen ergäben. Nach Mitteilungen von STAEMMLER sind solche Beobachtungen noch nicht ausreichend, um eine Leberschädigung daraus zu konstruieren, denn Gewichtszunahmen können (besonders bei der Leber) durch Blutgehalt und Wasserreichtum bedingt sein, wären also leicht reversibel und würden sich den am Anfang dieses Abschnittes erwähnten Nierengewichten anschließen. Immerhin liegt hier ein Problem wissenschaftlicher Natur.

Hinzufügen möchte ich zur Ergänzung, daß die Hodengewichte bei den Tieren, die während der Behandlung gut zugenommen hatten, nicht von den Gewichten der Normaltiere abwichen. Beim Menschen sind jedenfalls noch keine Koffeinschädigungen pathologisch-anatomischer Art nachgewiesen worden.

Koffeinismus.

Die Störungen, die beim Menschen auftreten können, und die unter der Bezeichnung Koffeinismus allgemein bekannt sind, sind fast ganz nervöser Natur. Darüber haben wir den ausführlichen Bericht von RÉNON [238c]. Neben der Beeinflussung des Nervensystems finden wir Verstopfungen, deren Ursprung unklar ist. v. NOORDEN (Handbuch der Ernährungslehre) berichtet über einen Fall bei einer puella publica, der das Bild des Basedow darbot. Besonders sind diese Art von Störungen dann vorhanden, wenn der Kaffee am Abend übermäßig getrunken, den Schlaf stört und dadurch eine Müdigkeit immer wieder zurückbleibt, wenn der Betreffende gezwungen ist am anderen Tage früh aufzustehen und daher zwangsläufig neuen Kaffee zu sich nimmt. Um solchen Zustand zu unterhalten, sind aber ganz große Dosierungen notwendig. HAWK [474] gibt in seinem Bericht keine Dosierung an. Bei ihm muß solch ein Zustand eingetreten sein nach seinem Bericht. Aus diesen Vorgängen ergeben sich die sekundären Folgen eines sog. Abusus, besonders wie ihn ERHARD [41] beschreibt, der sogar Veränderungen des Charakters z. B. Zanklust und schlechte Laune, körperliche Destruktion bis zur Kachexie schilderte, während STRANSKY [475] das Problem mehr sine ira et studio darstellt. Mir scheint es, daß zum Zustandekommen solcher Zustände von vornherein eine nervöse Veranlagung notwendig ist. Sie scheinen außerordentlich selten zu sein, wie STEPP auch berichtet. Das sind Fälle, die man sammeln muß.

Toleranz.

Die Toleranz zeigt sich darin, daß bei erstmaligen starkem Kaffeegenuß Nebenwirkungen auftreten können schon bei Dosierungen, die der Kaffeetrinker sonst ohne weiteres verträgt. Solche Erscheinungen wurden deshalb besonders nach dem Kriege be-

---

[474] HAWK, P. B.: Amer. J. Physiol. Bd. 90 (1929) S. 380.
[475] STRANSKY: Wien. med. Wschr. 1932 S. 395.

merkt, nachdem in Deutschland jahrelang kein Kaffee getrunken wurde. BRANDENBURG[476] berichtete über einige Fälle, bei denen Symptome einer Angina pectoris auftraten.

Nervensystem. Eine Gewöhnung wurde bei STIEVE am Kaninchen nachgewiesen und bei HEUBNER[28] an der Ratte bestätigt. Dosierungen, die Aufregungen verursachen, waren nach einiger Zeit nicht mehr wirksam, zu demselben Effekt mußte die Dosis gesteigert werden. Bei den geistigen Leistungen des Menschen wurde ähnliches schon früher in den Versuchen von WEDEMEYER[47] beim Rechnen gefunden. Auch die antagonistische Wirkung gegenüber Alkohol dauerte bei Kaffeegewöhnten kürzere Zeit, z. B. in den Versuchen von STRONGIN[70] nur eine Stunde, gegenüber zwei Stunden bei den Nichtgewöhnten. Das gilt auch für den Tremor. Vor allen Dingen scheint die Wirkungslänge abzunehmen. In den Versuchen von HORST[477] ging die vorher gefundene Verkürzung der Zeit bei der Geschicklichkeitsübung durch Gewöhnung zurück. Versuchspersonen, die 14 Tage lang keinen Kaffee getrunken hatten, zeigten keine Änderung gegenüber den Personen, die nie Kaffee bekommen hatten. Also wird entweder niemals eine Gewöhnung in dem Sinne, daß die Leistung abnimmt, beobachtet, oder der Gewöhnungsprozeß ist innerhalb 14 Tagen schon vollkommen rückläufig. Die Verschlechterung des „motor skill", von der früher berichtet wurde, zeigte merkwürdigerweise keine Gewöhnung. Die Verschlechterung ging aber nach Absetzen des Koffeins innerhalb weniger Tage auf die Norm zurück. Man muß sich natürlich hüten, solche Abnahme von Leistungen dadurch zu produzieren, daß man den Versuchspersonen durch zu hohe Dosierungen zu ungeeigneter Zeit den Schlaf raubt, weil der müde Patient natürlich weniger leistungsfähig ist. Mir scheint es, daß die Beobachtungen über die Abnahme der Wirkung dadurch zustande kommen, daß bei Messungen die besten Resultate dann erhalten werden, wenn bei langdauernder Prüfung eine Ermüdung ohne Kaffee einsetzt. Bei Abkürzung der Kaffeewirkung würde dieser Effekt fortfallen.

Kreislauf. Dieselben Verhältnisse finden wir beim Kreislauf. LORENTZ[478] fand nach 30 g Kaffeepulver auf 200 ccm Wasser bei

---

[476] BRANDENBURG, K.: Med. Klin. 1920 S. 1291.
[477] HORST, K., R. E. BUXTON und W. D. ROBINSON: J. Pharmacol. Bd. 52 (1934) S. 322.
[478] LORENTZ, H.: Med. Welt 1931 S. 1835.

den gewohnten Versuchspersonen Wohlbehagen und keine Störungen des Herzens, während solche Erscheinungen an den Nichtgewöhnten aufgetreten seien. Auch die Blutdrucksteigerung nahm bei dauernder Zufuhr von 4 mg/kg Koffein in den Versuchen von HORST[477] ab. Aus diesen Versuchen zeigen wir das Resultat bei zwei Versuchspersonen auf Abb. 20. Die eine Versuchsperson zeigte eine größere, die andere eine geringere Gewöhnung. Wahrscheinlich spielt dabei die motorische Aufregung eine Rolle.

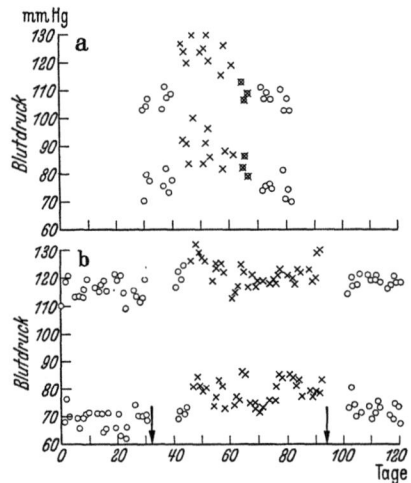

Abb. 20. Nach HORST (477). Steigerung des Blutdrucks nach 4 mg/kg Koffein und Aufhören der Wirkung besonders bei der unteren Versuchsperson. Offene Kreise: Messungen beim koffeinfreien Kaffee, Kreuze: Messungen beim koffeinhaltigen Kaffee, gekreuzte Kreise: Rückkehr nach Aufhören der Kaffeezufuhr.

Diurese. Solche Prüfungen sind leichter anzustellen bei meßbaren Leistungen eines Organs, z. B. bei der Diurese. Hierbei sind die Änderungen natürlich nicht zu verwechseln mit denjenigen, die auftreten, wenn bei zwei rasch wiederholten Gaben die zweite Gabe eine geringere Wirkung zeigte. Wir haben in den Versuchen von GREMELS gesehen, daß man die Abnahme der Wirkung am Herzlungenpräparat nicht sehen kann, aber wohl ist sie eine gewöhnliche Erscheinung beim ganzen Tier. Das liegt, wie wir in dem betreffenden Kapitel gesehen haben, an extrarenalen Faktoren, indem eine genügende Beladung des Organismus mit Wasser und Salz notwendig ist zum diuretischen Erfolg. Wenn wir hier von Toleranz sprechen, dann gilt das nur für die Zustände, die auftreten, wenn wir das Tier täglich etwa in der gleichen Situation für die Koffeinwirkung antreffen, und trotzdem kein Erfolg auftritt. Daß diese Situation nicht streng gleichmäßig sein kann, ist selbstverständlich, sie entgeht nur unserer Messung. FUJIOKA[479] sieht in diesem Zu-

---

[479] FUJIOKA, Y.: zit. nach Rona Bd. 64 (1931) S. 822.

stand eine übermäßige Ansammlung von Alkali. Sobald durch Säure diese Störung beseitigt wird, führe Koffein wieder zu dem alten Effekt. Untersuchungen über die sekundären Wirkungen solcher Diurese führt gerade VOLLMER in unserem Institut Breslau aus. Doch möchte ich hier über die Gesichtspunkte seiner Untersuchungen nicht sprechen.

Die Abnahme der Diurese nach einer größeren Dosis z. B. von 20—25 mg/kg zeigt sich schon am nächsten Tage[480], besser wird man aber die Grenzdosis feststellen, auf die hin bei täglicher Gabe gerade eine Diurese erfolgt, weil wir bei diesen geringen Diuresen sicher sind, daß keine toxischen Nebenwirkungen erfolgen. Solche Untersuchungen am Kaninchen führten mit demselben Erfolg KIHARA[278] und MYERS[279] durch. Die Resultate des letzteren Autors gebe ich auf Abb. 21 wieder. Auf dieser Abbildung sehen wir, wie die Grenzdosis von Koffein im Verlauf der täglichen Behandlung gesteigert werden muß.

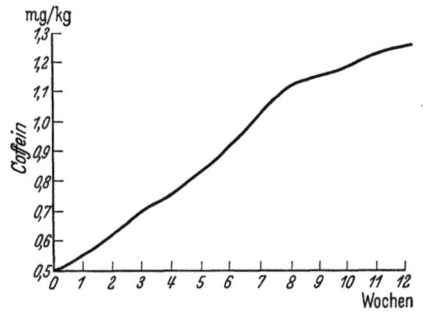

Abb. 21. Nach MYERS (279). Diuretische Grenzdosen nach langdauernder Koffeinzufuhr beim Kaninchen. Die notwendigen Dosen steigen an.

Während also am Anfang 0,5 mg/kg zum Erfolg führen, sind nachher die zweieinhalbfachen Mengen notwendig. Die Notwendigkeit, die Dosen zu steigern, nimmt anscheinend später im Versuch ab. Wenn wir diese Verhältnisse vergleichen mit der Verschiebung der tödlichen Dosierung bei großen Gaben, dann finden wir, daß durch Gewöhnung an große Dosierungen die tödlichen Dosen höchstens um 50% heraufgesetzt werden können (s. EICHLER u. MÜGGE, STIEVE).

Diese Gewöhnung wurde auch bei Menschen gefunden[481] und gilt nicht nur für Koffein allein, sondern die Gewöhnung ist gekreuzt, wie das MYERS[279] nannte, d. h., wenn Koffein nicht mehr wirkte, dann ist die Wirksamkeit von Theobromin und Theocin

---

[480] REES, M. H.: Amer. J. Physiol. Bd. 68 (1924) S. 136.
[481] EDDY, N. B. und A. W. DOWNS: J. Pharmacol. Bd. 33 (1928) S. 167.

ebenso verändert. Auf die gekreuzte Gewöhnung wurde schon von GÜNZBURG[482] hingewiesen.

Verdauungswege. Wenn wir nach unserer vorherigen Disposition fortfahren, kommen wir jetzt zur Betrachtung des Darmkanals und können dort dasselbe wiederfinden z. B. bei der zuerst auftretenden vermehrten Speichelsekretion nach den Versuchen von WINSOR[309]. Die Entwicklung geben wir auf Abb. 22 wieder. Auf der Kurve ist die primäre Reizwirkung durch Reflex beim Trinken abgegrenzt von der Reizwirkung nach Koffein. Wir sehen, wie im Verlauf von 40 Tagen die Sekretion abnimmt.

Dasselbe finden wir auch bei der Magensaftsekretion in Versuchen von ALLODI[311] erwähnt, die beim Koffeinprobetrank bei den Kaffeetrinkern weniger auftreten soll. STEPP erwähnt davon nichts.

Grundumsatz. Abschließend bringen wir noch Versuche über den Grundumsatz auf Abb. 23 nach den Versuchen von WOMACK. Wir sehen einen Anstieg des Grundumsatzes bei Meerschweinchen im Verlauf fortgesetzter Koffeingaben mit einem Abfall innerhalb einiger Wochen. Nach Exstirpation der Schilddrüse wird keine Steigerung beobachtet. Diese Kurve bedarf dringend der Nachprüfung. An dieser Stelle sind die gründlichen Untersuchungen von HINDEMITH bei der Ratte zu erwähnen, der mir die auf Abb. 24 abgebildeten Kurven zur Verfügung stellte. Wir sehen auf der Abbildung die am Durchschnitt von je acht Tieren gewonnenen Stoffwechselsteigerungen schon am dritten Tage gering und am vierten Tage verschwinden. Auf dem unteren Teile findet sich der

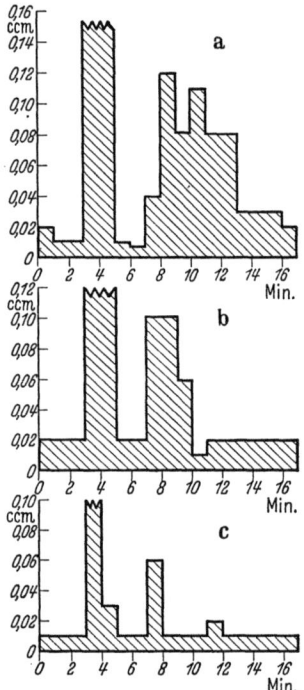

Abb. 22. Nach WINSOR u. STRONGIN (309). Speichelsekretion auf Koffeinzufuhr im Verlauf einer fortschreitenden Gewöhnung. Ordinate: ccm der Sekretion: a) bei Beginn des Versuchs, b) nach 21 Tagen, c) nach 40 Tagen täglichen Kaffeegenusses.

---

[482] GÜNZBURG, L.: Biochem. Z. Bd. 129 (1922) S. 549.

Typ der Gewichtsentwicklung nach den Versuchen von EICHLER und MÜGGE. Das Gewicht nimmt ab, solange die Stoffwechselsteigerung besteht. Die Verhältnisse sind aber hier durchaus nicht

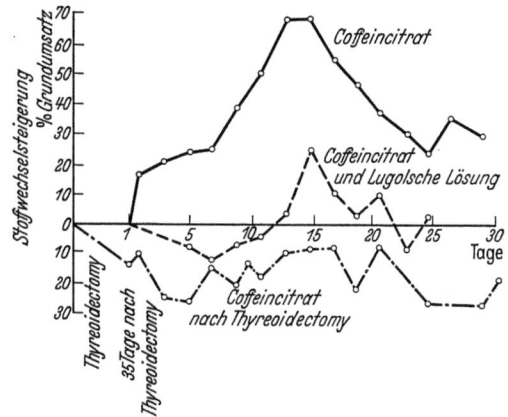

Abb. 23. Nach WOMACK (384). Sauerstoffverbrauch des Meerschweinchens nach 75 mg/kg Koffeinzitrat. Stoffwechselsteigerung nimmt vorübergehend zu und wird später geringer. Keine Steigerung nach Entfernung der Schilddrüse.

so einfach, denn dieser Verlauf ist nur am Anfang vorhanden. Nach einigen Wochen beginnt plötzlich eine (auch wieder abklingende)

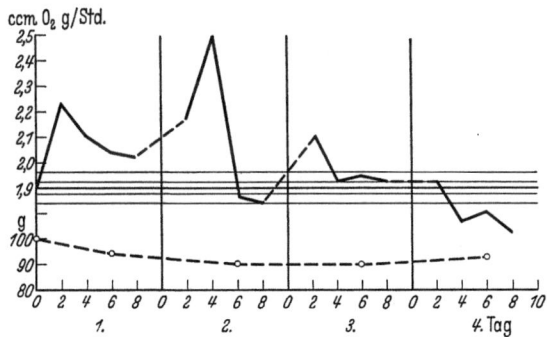

Abb. 24. Nach HINDEMITH. Wirkung chronischer Koffeingaben auf den O_2-Verbrauch der Ratte, 1.—4. Tag. Bei 1,9. Durchschnitt der Normalversuche mit einfacher und dreifacher Streuung. Untere Kurve: Entwicklung des Gewichtes bei Versuchen von EICHLER u. MÜGGE (449).

Empfindlichkeitssteigerung, die dann bei monatelanger Koffeinzufuhr aber nicht ganz verschwindet, sodaß doch wieder Stoffwechselsteigerungen beobachtet werden (HINDEMITH und ANGSTENBERGER).

Die Versuche von HACKETT[483] nachzuweisen, daß die Kaffeetrinker dauernd einen höheren Stoffwechsel haben, führten nicht zum Erfolge. Aus den Resultaten sind keine Abweichungen zu sehen, obwohl sie behauptet, daß es sehr schwer sei, Kaffeetrinker zu finden, die ein Normalgewicht aufweisen, sie seien alle unterernährt. Unsere Erfahrungen darüber sind andere, besonders im Orient. Solche Steigerungen würden auch der Toleranzzunahme widersprechen, wie wir sie hier dargelegt haben.

An dieser Stelle soll aber bei Berücksichtigung des Gesamtkaffeegetränks die Anwesenheit von Cholin nicht übergangen werden, das nach den Untersuchungen von BEST auf den Fettgehalt der Leber einwirkt. Die Tragweite dieser Beobachtungen auf unser Problem ist nicht abzuschätzen. Gerade in diesem Kapitel gibt es noch sehr viele ungeklärte Probleme.

Sucht und Abschluß. Wenn wir hier von Toleranzsteigerungen gesprochen haben, so gilt das nicht in dem Sinne, daß damit zu gleicher Zeit eine Sucht kombiniert ist, wie man immer wiedermal in der Literatur darüber spricht, z. B. in dem Bericht über Koffeinsucht von V. SCHILLING[484] nach Koffein + Antifebrin, wo die Patienten mit Koffein allein nicht zufrieden waren. Echte Sucht kommt in der Praxis nicht vor, denn es ist bestimmt nicht die Tendenz vorhanden, täglich mehr Kaffee zu trinken bzw. trinken zu müssen, wenn nicht etwa Entziehungssymptome auftreten sollen. Der Zornausbruch, der auftritt, wenn einmal der Kaffee zu dünn geraten ist, ist nicht als Entziehungssymptom zu werten. Unter folgenden Bedingungen können Symptome von Sucht und anscheinend auch Entziehungssymptome beobachtet werden: Wenn jemand an Depressionen und gedrückter Stimmung leidet und durch Koffein diese gedrückte Stimmung beseitigt wird, dann wird es möglich sein, daß er den Anblick einer Sucht bietet mit Entziehungssymptomen. Denn wenn er kein Koffein mehr zu sich nimmt, dann fällt er wieder in seine gedrückte Stimmung zurück. Ebenso könnte man Entziehungssymptome konstruieren, wenn jemand sich durch unklugen Kaffeegenuß am Schlafen hindert, morgens müde ist, wenn er nicht neuerlich Kaffee bekommt. Das sind keine Entziehungssymptome, wie wir sie bei den Rauschmitteln sehen.

---

[483] HACKETT, HELEN: J. Home Economics Bd. 23 (1931) S. 769.
[484] SCHILLING, V.: Z. klin. Med. Bd. 108 (1928) S. 708.

Sucht und Abschluß. 141

Wenn wir unsere gesamten Darlegungen betrachten, angefangen von den milden, gut dosierbaren Wirkungen auf das Zentralnervensystem mit wenigen oder gar keinen Nebenwirkungen, ohne Entziehungssymptomen und ohne Sucht, trotz einer gewissen geringen Gewöhnung, die meistens die unangenehmen Symptome beseitigt, kein Bekanntwerden pathologisch-anatomischer Veränderungen, dann können wir als Gesamturteil keine bessere Formulierung finden — und daran haben die zahlreichen Forschungen des letzten Jahrzehnts nichts geändert — als die Bemerkung von STRAUB in seinem bekannten Vortrag über Genußgifte auf dem Naturforscherkongreß 1926 in Düsseldorf: ,,Das Koffein ist der Gipfel der Harmlosigkeit wenn man Alkohol und Nikotin zum Vergleich heranzieht". Diese Feststellung bedeutet nicht, daß der koffeinfreie Kaffee etwa keine Daseinsberechtigung habe.

Wir sind aber nicht nur als Spezialisten für die praktische Beurteilung eines Genußmittels da, sondern auch als Forscher, die in das Geschehen des lebendigen Organismus eindringen wollen, und jede Substanz, die wir untersuchen, als eine Sonde benutzen für die Möglichkeiten des Lebens im Körper. Uns werden Bausteine und Erfahrungen, wenn sie exakt gewonnen und niedergelegt wurden, immer willkommen sein. Die Gefahr des Forschers beruht in der moralisierenden Betrachtung und dem Willen Resultate, die noch nicht reif sind, ohne Prüfung auf das praktische Leben zu übertragen. Gerade an einer einzigen Substanz wie dem Koffein sehen wir in ihrer vielfältigen Wirkung alle Reaktionen des Organismus, gewissermaßen die gesamte Physiologie an uns vorbeiziehen, die Möglichkeiten der Forschung sind unbegrenzt, besonders wenn man den Gesamtkaffee in den Bereich der Untersuchung hineinzieht, und darauf soll dieses Buch auch hinweisen.

In dieser Hinsicht werden wir uns an das Wort eines großen Deutschen erinnern, den wir schon vielfach zitierten, nämlich SCHOPENHAUER (Welt als Wille und Vorstellung, 2. Buch § 25): ,,Das Wesen an sich ist in jeglichen Ding der Natur, in jedem Lebenden ganz und gar ungeteilt gegenwärtig. Eben daher man nichts verliert, wenn man bei irgendeinem einzelnen stehen bleibt. Auch die wahre Weisheit ist nicht dadurch zu erlangen, daß man die grenzenlose Welt ausmißt oder den endlosen Raum persönlich durchflöge, sondern vielmehr dadurch, daß man irgendein einzelnes ganz erforscht, indem man das wahre und eigentliche

Wesen desselben vollkommen erkennen und verstehen zu lernen sucht".

Das ist wahre Wissenschaft.

Anhang.

Anschließend soll die Erklärung der Pharmakologischen Gesellschaft Platz finden, die nach der Behandlung des Themas auf dem Pharmakologenkongreß April 1938 in Berlin der Presse übergeben wurde:

„Das Kaffeeproblem ist nicht ausschließlich eine Koffeinfrage, wenn auch das Koffein den ausschlaggebenden Bestandteil der Kaffeebohne auch für die gesundheitliche Beurteilung des Kaffees bildet. Das Koffein kann in den Grundzügen seiner Wirkungen als gut bekannt gelten. Es bieten jedoch die chemischen Bildungen und das Zusammenwirken des Koffeins mit sonstigen Bestandteilen der Kaffeebohne noch mancherlei ungelöste Aufgaben. Wieweit Koffein als Bestandteil von Genußmitteln überhaupt der Gesundheit schädlich oder abträglich ist, ist nach dem Stand der Kenntnisse in erster Linie eine Frage der jeweils genossenen Koffeinmengen; daneben sind Herkunft, Röstung und Zubereitungsart des Kaffees von Bedeutung.

Mengen, die normalerweise durchaus förderlich sind, können für besonders Empfindliche, noch viel mehr für gewisse Kranke, schädlich sein. Klinische Erfahrungen lehren, daß bei dem üblichen Gebrauch des Kaffees weder vorübergehende noch bleibende Schädigungen vorkommen. Den im Tierversuch unter Ignorierung der Bedeutung der Dosen beobachteten Schädigungen der Keimdrüsen — so interessant sie in der Theorie auch sein mögen — stehen beim Menschen keine entsprechenden Erfahrungen und Beobachtungen aus dem Leben gegenüber."

Namenverzeichnis[1].

Abderhalden, E. 90.
— und F. Reich 89.
Abe, H. (Tashiro Kasanu und —) 72, 73.
Achard, Ch., J. Verne, M. Bariety und E. Hadjigeorges 78.
Addis, T. und Drury 75, 76.
Adler, P. 26.
Adrian 38.
de Agazio 47.
Agnoli, R. 116.
Akamatsu, M. (Takahashi, M. u. —) 91.
Akutsu, T. 77.
Alexander, B. 83.
Aljechin 16.
Allers, R. und E. Freund 15, 16, 17, 18, 19, 21, 28.
— E. Freund und L. Prager 17.
Allodi, A. und G. Costa 84, 138.
Almasy, F. (A. Krupski, A. Kunz und —) 93, 94, 95, 98, 100.
Alpern, D. 58.
Alpino, Prosper 1.
Alvarez, I. A. (H. George, E. H. Schwab, — und M. E. Cate) 75.
Amantea, G. 13, 119.
de Amaral, A. 2.
Amlong, H. U. 127.
Ammon, R. (Rona, P. und —) 90.
Anderson (R. O. Bengis und —) 6.
Angstenberger, R. (H. Hindemith und —) 109, 139.
Anitschkow, S. W. 65, 67.
Anrep, G. V. und R. C. Stacey 48.
Anselmino, K. J. 73.
Anttika, K., A. Ileus, M. Riipa und Santaholma 63.

Aomura, T. (Sato, H. und —) 116.
Arnaudet, A. (L. Binet, H. Cardot, — und V. Bonnet) 64.
Arnold, F. (A. Bleyer, W. Diemair, F. Fischler, K. Täufel und —) 85.
Aruch, E. 127.
Ashbel, R. 68.
Atzler, E. 18.
— und G. Lehmann 53.
Aube, S. C. (I. H. Means, — und E. F. Dubois) 69, 106, 107.

Backman, E. L. 119.
Bacq, Z. M. und H. Fredericq 38, 56, 57, 58.
Bäßler und Täufel 8.
Bahr 122.
Banimiro Males 104.
Bardier, E., P. Duchein und A. Stillmunkes 58, 114.
— P. Leclerc und A. Stillmunkes 114.
Bariety, M. (Ch. Achard, J. Verne, — und E. Hadjigeorges) 78.
Barry, D. T. 51, 57.
Bataceano, G. und C. Vasiliu 63.
Baumann, D. E. (J. Marine, — A. W. Spence und A. Cipra) 104.
Baumecker, W. 78.
Baur, H. 59.
Beaune, A. (Tiffeneau, M. und —) 57.
Beck, F. (Krantz, R. Musser, C. H. Carr, — und T. N. Carey) 117.
Beck und Lendle 26.
Behrens, B. 87 88.
Belehradek 55.
Bellisai, J. 90.

---
[1] Von Dr. H. HINDEMITH und L. KARBE bearbeitet.

Bengeforth, F. (Eichler, O. und —) 117.
Bengis, R. O. und Anderson 6.
Berenger, E. C. (Simici, D. C., O. Dimitriu und —) 84.
Berg, H. (H. Öhnell und —) 84.
Bergeim, O. (J. R. Miller, —, M. E. Rehfuß und P. B. Hawk) 89, 90.
Berglund, H. und B. Lundh 69, 75, 77.
Bernheim, F. und M. L. C. Bernheim 36.
— M. L. C. (Bernheim F. und —) 36.
Best 140.
Biasotti, A. (M. A. Magenta und —) 116.
Bickel, A. und C. van Eweyk 85.
— C. van Eweyk und I. Fleischer 91.
Bierich, K. und A. Rosenbohm 112.
Binet, L., H. Cardot, A. Arnaudet und V. Bonnet 64.
Bischoff, L. 50.
Blau, A. 67.
Bleyer, A., W. Diemair, F. Fischler, K. Täufel und F. Arnold 85.
Bloom, W. (Macht, D. I. und —) 34, 129.
— (D. I. Macht, — und Giu Ching Ting) 34.
Blumenberg und O. Eichler 127, 128
Boas, F. 91.
Bock, H. E. 59.
— J. 97, 98, 110.
— J. und I. Buchholtz 52.
Bodo, R. 48.
Bohnenkamp 53.
Bokorny, Th. 127.
Bolliger, A. 116.
Bonnet, V. (Binet, H. Cardot, A. Arnaudet und —) 64.
Boothby, W. M. und L. G. Rowntree 105.
Bornstein, A. und E. Rueter 112.
Bouckaert, I. I. und F. Jourdan 66.
Bourquin, H. 76.
— und N. B. Laughton 76.
Brandenburg, K. 135.

Brentano, C. 113, 114.
Breslauer-Schueck, F. 13.
Brinley, F. I. 56, 58, 104.
Brown, R. E. und D. E. Moreheard 49.
— M. G. und Riseman 48.
Bruechner (Heiduschka und —) 4.
Bruehl, H. 74, 81.
Bruell, Z. und E. Froehlich 84.
Brugsch 22.
Bruns, O. und H. Rosencrantz 51.
Buchholtz, I. (Bock, J. und —) 52.
Buettner 39.
Burge, W. E. 118.
Buxton, R. E. (K. Horst, — und W. D. Robinson) 135, 136.

Candido, F. 4.
Cardot, H. (L. Binet, — A. Arnaudet und V. Bonnet) 64.
Carey, T. N. (Krantz, R. Musser, C. H. Carr, F. Beck und —) 117.
Carr, C. H. (Krantz, R. Musser, — F. Beck und T. N. Carey) 117.
de Cassinis 47.
Cate, M. E. (George, H., E. H. Schwab, I. A. Alvarez und —) 75.
Cattell, R. B. 19.
Cella, C. und I. D. Georgescu 82.
Chahovitch, X. und M. Vichnjitch 104.
Chase, R. E. 129.
Cheney, R. H. 30, 31, 41, 47, 55.
Ciamician, G. und C. Ravenna 3.
Cipra, A. (J. Marine, D. E. Baumann, A. W. Spence und —) 104.
Ciupka 4.
Clark, G. W. und A. A. de Lorimier 99, 100.
Cobb, S. (I. E. Finesinger und —) 66, 67.
Cole, W. H., N. A. Womack und W. H. Ellett 103.
— (Womack, N. A. und —) 103.
Connor, L. C. 120.
Cooperman, W. R. 24, 110.
Costa, G. (A. Allodi und —) 84, 138.
Coward (Knapp und —) 7.

Namenverzeichnis.   145

Crile, G. W., A. F. Rowland und S. W. Wallace 111.
Curl, W. (I. H. Hyde, C. B. Root und —) 42.
Cushny, A. R. und C. G. Lambie 72.

Dannmeyer (Noël und —) 7.
David, F. 40.
Davidson, B. M. 27.
Davis, M. E. (D. I. Macht und —) 27.
Decherd, G., G. Hermann und P. Erhard 50.
Delhougne, F. 90.
Descamps, A. (Fredericq, H. und —) 57.
Dickson, W. H. und W. I. Wilson 91.
Diemair 4.
— W. (A. Bleyer, — F. Fischler, K. Täufel und F. Arnold) 85.
Dimitriu, O. (Simici, — und E. C. Berenger) 84.
Dji Lih Bao (K. Horst, W. D. Robinson, W. L. Jemkins und —) 32, 61.
Dold, H. 92.
Dosorzewa, P. M. und A. N. Morosowa 119.
Downs, A. W. (N. B. Eddy und —) 137.
Dreikurs, R. 25, 63, 70, 117.
— R. und O. Sperling 26.
Dresel 89.
— und H. Lotze 91.
— K. und H. Ullmann 102.
Drewes, H. 47.
Dreyer, N. B. und E. G. Young 102.
Drossbach, M. 81.
Druckrey 108, 128, 129.
—, Müller und Stuhlmann 13, 26.
Drury (T. Addis und —) 75, 76.
Dubois, F. E. (Means, I. H., S. C. Aube und —) 69, 106, 107.
Duchein, P. (E. Bardier, — und A. Stillmunkes) 58, 114.
Dye, M. (S. Schimmel, — und C. S. Robinson) 105.

Ebinger, E. 87.
Ecker, E. E. (R. F. Hanzel und —) 98.
Eddy, N. B. und A. W. Downs 137.
Eggleton 40.
Egmond, A. A. I., van 55.
Eichler, O. und F. Bengeforth 117.
— (Blumenberg und —) 127, 128.
— und H. Mügge 121, 123, 129, 137, 139.
— und C. Noack 131.
Eismayer und Quincke 47.
Ellett, W. H. (W. H. Cole, N. A. Womack und —) 103.
Ellinger, A. 81.
— und Mitarbeiter 81.
Embden, G. und Schumacher 77.
Emerson (Prescott, — Woodward, Heggie) 6.
Enders, G. 76.
Enesco, J. N. 62.
Erhardt 18, 134.
—, P. (G. Decherd, G. Hermann und —) 50.
Evans, C. L. 35, 40.
Eweyk, C., van (Bickel, A. und —) 85.
— (Bickel, A. — und I. Fleischer) 91.

Fabre, R. 97.
— und M. Th. Regnier 97.
Fahlbusch, W. 68.
Faludi, F. 81.
Farmer Loeb, L. 93.
Fenn, K. G. (N. C. Gilbert und —) 48.
Finesinger, I. E. 66.
— und S. Cobb 66, 67.
Fischer, M. H. und Loewenbach 13.
Fischler, F. (A. Bleyer, W. Diemair, — K. Täufel und F. Arnold) 85.
Fisher, I. 42.
Fiske 40.
Flamm, S. 38.
Flaum, E. und R. Rößler 51.
Fleischer, I. (A. Bickel, C. van Eweyk und —) 91.
— M. S. und L. Loeb 49.

Eichler, Kaffee und Koffein.   10

Fleming, R. und D. Reynold 27.
Florkin 38.
Foerster, J. (Heiduschka A. und —) 89.
Forti, G. 128.
Fraenkel, S. 90.
Franken, H. 60.
Fredericq, H. (Bacq und —) 38, 56, 57, 58.
— und A. Descamps 57.
— und L. Melon 58, 91.
Freudenberg 6.
— (R. Allers, — und L. Prager) 17.
Freund, E. (R. Allers und —) 15, 16, 17, 18, 19, 21, 28.
Frey 40.
Friedberg, E. 94.
Froehlich, E. (Z. Brüll und —) 84.
— und Paschkis 48.
Fujioka, Y. 136.

Galinowski, Z. 99.
Gantt, W., Horsley 85.
Gatti, Mencudez und Knallinski 7.
Gautier, Cl. 57, 114.
Gehlen, W. 5.
— (K. Schübel und —) 64.
Genther, I. T. (M. A. Hinrichs und —) 128.
George, H., E. H. Schwab, I. A. Alvarez und M. E. Cate 75.
Georgescu, I. D. (C. Cella und —) 82.
Gerfeldt, E. 10.
Gertz, E. 82.
Giddings, G. 23, 24.
Gilbert, N. C. und K. G. Fenn 48.
Ginader, G. 24, 25.
Giu Ching Ting (Macht, Bloom und —) 34.
Goemoeri, P. (J. Mosonyi und —) 73.
Goldbloom, A. 84.
Gonalons, G. P. (B. C. Udaondu und —) 85.
Gorecki, C. 60.
Gourewitsch, L. 94.
Gozzano 90.
Graber, V. S. (F. M. Smith, G. H. Miller und —) 48.

Grafe, E. 117.
Grassmann (H. Staub und —) 48.
Grasso, R. 86.
Graubner, W. (W. H. Veil und —) 77.
Gremels, H. 73.
de Groer, F. 68.
Grollmann, A. 52, 69, 71, 106.
Grossmann, M. und K. Lusicky 63.
Guenzburg, L. 138.
Gummel, H. und M. Kiese 4, 12, 54, 85, 91, 135.

Haag, H. B. und I. D. Woodley 51.
Hackett, Helen 140.
Hadjigeorges, E. (Ch. Achard, J. Verne, M. Bariety und —) 78.
Haendel, M. und A. Munilla 115.
Hamburger, W. E. (P. K. Smith und —) 111, 130.
Handovsky, H. und Uhlenbrock 81.
— und R. Zacharias 38.
Haneborg, A. O. 85.
Hanhart, E. 68.
Hanke, H. 85.
Hanzal, R. F. und V. C. Myers 97, 98, 99.
— und E. E. Ecker 98.
Hara, S. 81.
Harer, B. (C. F. Schmidt u. —) 64.
Harrison, T. R. (C. Pilcher, C. P. Wilson und —) 52, 104.
Hartree, W. und A. V. Hill 38, 107, 109.
Hartwich, A. 74.
Haskell, C. C. 49, 59.
— I. E. Rucker und W. S. Snyder 64.
Hatcher, R. A und N T. Kwit 92, 93.
Hawk, P. B. 134.
— (J. R. Miller, O. Bergeim, M. E. Rehfuß und —) 89, 90.
Hayman, J. M. und I. Starr 72.
Hazard, R. und C. Vaille 76, 77.
Heathcota 47, 48.
Hecht, A. F. und E. Nobel 78.
Heggie (Prescott, Emerson, Woodward, —) 6.
Heide, E. und E. Schilf 88.

Namenverzeichnis.

Heiduschka und Brueckner 4.
— A. und F. Foerster 89.
Heilig, R. 84.
Heinroth 15.
Heisler 91.
Herndlhofer 3.
Herrmann, G. (G. Decherd, — und P. Erhard) 50.
Herxheimer 43, 44.
Heubner, W. 10, 54, 68, 88, 135.
Heupke, W. 23, 27, 67, 70, 85.
Higgins, I. A. und H. A. McGuigan 111.
Hill, A. V. 103.
— A. V. (Hartree, W. u. —) 38, 107, 109.
Himmelreich, H. 81.
Hindemith, H. 107, 108, 111, 116, 118, 128, 138, 139.
— und R. Angstenberger 109, 139.
Hinrichs, M. A. 33.
— und I. T. Genther 128.
Hirata, U. 65.
Hoch (Kraepelin und —) 41.
Hoen (Neuthard, A. und —) 52.
Hoepfner 6.
Hofbauer, R. 119.
Hoff, H. 64.
Holck, H. G. O. 17.
Hollingworth 32.
Holste und Miholić 8.
Horsley, W. Gantt 85.
Horst, K., R. E. Buxton und W. D. Robinson 135, 136.
— und R. William Jenkins 30.
— und W. L. Jenkins 30, 61, 62.
— W. D. Robinson, W. L. Jenkins und Dji Lih Bao 32, 61.
— R. I. Wilson und R. G. Smith 106, 107.
Houssay, B. A. 117.
Hull, C. L. 20, 29, 106.
Hume, D. 16, 18.
Hyde, I. H., C. B. Root und W. Curl 42.

Ida, T. (M. Miwa, B. Wada, — und T. Idzumi) 72.

Idzumi, T. (M. Miwa, B. Wada, T. Ida und —) 72.
Ikeda, T. 39.
Ilus, A. (K. Anttika, — M. Riipa und Santaholma) 63.
Isenschmid, R. 111.
Ishikawa, V. 41.
Iwai und Sassa 48, 55.

Jahoda, S. (Popper, L. u. —) 57, 117.
Januschke, H. 15, 65, 97.
Jenkins, R. William (K. Horst u. —) 30.
— W. L. (K. Horst u. —) 30, 61, 62.
— W. L. (K. Horst, W. D. Robinson, — und Dji Lih Bao) 32, 61.
Jesser 8.
Joachimoglu, G. u. N. Klissiunis 26, 92.
Johnson, S. und W. I. Siebert 49, 50.
Jourdan, F. (I. I. Bouckaert u. —) 66.
Jung, A. u. W. Zörkendörfer 98.
Junkmann, K. 51, 59.
— und W. Stroß 58, 91, 115.

Kalk 84.
Kapp 91.
Kasanu (Tashiro, — und H. Abe) 72, 73.
Katsch 69, 84.
Kaubisch, N. (R. Schoen und —) 105.
Keeser, E. und I. Keeser 94.
— I. (Keeser, E. u. —) 94.
Kestner, O. und B. Warburg 84, 85.
Kiese, M. (H. Gummel u. —) 4, 12, 54, 85, 91, 135.
Kihara, G. 78, 137.
Kira, G. 115.
Kitamura, N. 58.
Klein, H. W. 44, 45, 46.
Kleitman, N. (W. Salant u. —) 110.
Klissiunis, N. (G. Joachimoglu u. —) 26, 92.
Klodt 125, 126.
Klotz, L. 39.
Knallinski (Gatti, Mencudez u. —) 7.

Knapp und Coward 7.
Kochmann, M. 87.
Kohlrausch 63.
Kohn, R. 59.
Komant, W. 91.
Kosjakoff (Schattenstein, — und Tschirkin) 44.
Kotschergin, L. (G. Schkawera und —) 69.
Kraepelin 14, 33.
— und Hoch 41.
Krantz, R. Musser, C. H. Carr, F. Beck und T. N. Carey 117.
Kreitmair 26.
Kretschmer, W. 70, 91, 131.
Krueger und Salomon 97.
— R. (Schau Kuang Liu u. —) 64.
Krupski, A., A. Kunz und F. Almasy 93, 94, 95, 98, 100.
Kuehn, I. 66.
Kuerzel, L. 119.
von Kuhlberg, A. und W. Rabinowitsch 26, 119.
Kunz, A. 92.
— (A. Krupski, — und F. Almasy) 93, 94, 95, 98, 100.
Kusakari, H. 71.
Kusnetzow, A. I. (G. L. Schkawera und —) 68.
Kwit, N. T. (Hatcher, R. A. und —) 92, 93.
Kylin, E. 79.

Labbé, H. und B. Theodoresco 116.
Labes 5, 39.
Lambie, C. G. (A. R. Cushny u. —) 72.
Lampe, A. und I. Mehes 69.
Langecker, H. 51, 57.
Lapicque, M. und F. Vahl 34, 38.
Laqueur, E. und R. Magnus 60.
Lasarew, N. und M. Magath 81.
Laubender, W. 37.
Laughton, N. B. (H. Bourquin u. —) 76.
Leclerc, P. (E. Bardier, — und A. Stillmunkes) 114.
van Leuwen, Storm 34.

Lehmann, K. B. 12, 17, 69, 124.
— G. (Atzler, E. und —) 53.
— K. B. und H. Weil 24, 124.
Lendle (Beck und —) 26.
Lendrich 25.
Levin 121.
Lickint, F. 88, 89.
Lie, E. 80.
Lilienfeld-Toal 3.
Lindberg 35.
Lipschitz, W. und Weingarten 37.
Ljubusin, A. 51.
Loeb 68.
— L. (M. S. Fleischer u. —) 49.
Loebenstein, F. 81.
Loehr, H. 65, 103.
Loevenhart, A. S., I. Y. Malone und G. H. Martin 64.
Loewenbach (M. H. Fischer u. —) 13.
Lorentz, H. 135.
de Lorimier, A. A. (G. W. Clark u. —) 99, 100.
Lotze, H. und Dresel 91.
Luers, H. 88.
Lundh, B. (Berglund H. u. —) 69, 75, 77.
Lundsgard 40.
Lusicky, K. (Großmann, M. und —) 63.

Mach, E. 13, 20.
Macht, D. I. 13.
— und W. Bloom 34, 129.
— W. Bloom und Giu Ching Ting 34.
— und Schrieder 12.
— und M. E. Davis 27.
Magath, M. (Lasarew, N. und) 81.
Magenta, M. A. und A. Biasotti 116.
Magnus, R. (E. Laqueur und —) 60.
Maier, H. W. 11, 12, 15, 17, 25, 26, 60.
Mainx, F. 128.
Malamud, Th. 106.
Malone, I. Y. (A. S. Loevenhart, — u. G. H. Martin 64.
Malow, G. 69.
Manamy, M. C. und P. G. Schube 15, 125.

Mangenot, C. R. 127.
de Marco 34.
Marine, J., D. E. Baumann, A. W. Spence und A. Cipra 104.
Martin, G. H. (Loevenhart, I. Y. Malone und —) 64.
Marzahn, H. 70.
Mascherpa, P. 38.
Massayma, T. 115.
Massenga 77, 118.
Masuda, T. 74.
de Mattei, P. 7.
Matthias 47.
Mattill und Pratt 7.
Maugeri, S. 65, 88.
Mayer (E. F. Nottbohm und —) 4.
McGuigan, H. A. (I. A. Higgins u. —) 111.
Means, I. H., S. C. Aube und F. E. Dubois 69, 106, 107.
— und Newburgh 52.
Mehes, I. (A. Lampe und —) 69.
— und H. Molitor 80.
Meißner, R. 64.
Melon (H. Fredericq und —) 58, 91.
Mencudez (Gatti, Knallinski und —) 7.
Mensch, I. 60.
le Messurier, D. H. 64.
Meyer, E. 105.
— und A. Reinhold 112.
Meyerhof 40.
Miholić (Holste u. —) 8.
Mikhailow, K. M. 55.
Miles, W. R. (E. N. Miller u. —) 34.
Miller, J. R., O. Bergeim, M. E. Rehfuß und P. B. Hawk 89, 90.
— E. N. und W. R. Miles 34.
— G. H. (F. M. Smith und V. C. Graber) 48.
Mitolo, M. 34, 38.
Miwa, M., B. Wada, T. Ida und T. Idzumi 72.
Molitor, H. (Mehes, J. und —) 80.
— und E. P. Pick 80.
Moreheard, D. E. (E. Brown und —) 49.
Morimoto, M. 59.

Morosowa, A. N. (P. M. Dosorzewa und —) 119.
Mosonyi, J. und P. Goemoeri 73.
Moura, C. F. und D. de Oliveira 38.
— (de Oliveira und —) 54.
Muegge, H. (O. Eichler und —) 121, 123, 129, 137, 139.
Müller, E. 97.
— L. R. 26.
— R. 40.
— (Druckrey, — und Stuhlmann) 13, 26.
Munilla, A. (Haendel, M. u. —) 115.
Musser, R. (Krantz, — C. H. Carr, F. Beck und T. N. Carey) 117.
Myers, H. B. 77, 78, 137.
— V. C. (R. F. Hanzal und —) 97, 98, 99.
— und E. L. Wardell 100, 101, 102, 113.

Nadler, I. E. (W. Salant und —) 49.
Nakamura, M. 92.
Nathanson, A. (B. Stuber und —) 81.
de Nayer, P. 115.
Neale, R. C. 118.
Neißer (Slota und —) 8.
Neuschloß, S. M. 81.
— (Rießer und —) 39, 40.
Neuthard, A. und Hoen 52.
Newburgh (Means und —) 52.
Nickau, B. 67.
Noack, C. 104, 131, 132.
— (O. Eichler und —) 131.
Nobel, E. (A. F. Hecht u. —) 78.
Noël und Danmeyer 7.
v. Noorden 68, 134.
Nottbohm, E. F. und Mayer 4.
Nowatke 5.
v. Nyary, A. 80.

Oehme, C. 81.
Oehnell, H. und H. Berg 84.
Okada, M. 71.
Okamura, T. 118.
Okushima, K. 94, 96.

de Oliveira, D. und F. Moura Campos 54.
— (C. F. Moura und —) 38.
Omura, K. (R. Shiroshita und —) 66.
Osborn 131.
Ottemeyer (Sartorius u. —) 9.
Oury, A. 56.

Pack, G. T. (F. P. Underhill und —) 79.
Pal 48.
Paneth, L. 27.
v. Pannewitz, G. 76.
Papendiek 12.
Parade 50.
Paschkis (Fröhlich und —) 48.
Pauli, R. 20.
Pellini, E. J. (G. B. Wallace u. —) 73.
Perier, C. R. 3.
Petrowa 35.
Pick 80.
— E. P. (H. Molitor u. —) 80.
Pilcher, C., C. P. Wilson und T. R. Harrison 52, 104.
Pilger, E. 90.
Pinedo, C. (B. Udaondo, — und L. V. Sanguietti) 84.
Plant, O. H. und C. Reynolds 91.
Pollack 115.
Popoff, I. (A. Slataroff und —) 89, 90.
Popper, L. und S. Jahoda 57, 117.
Prager, L. (R. Allers, E. Freund und —) 17.
Pratt (Matill und —) 7.
Preobraschensky, A. 47, 50, 60, 73.
Prescott, Emerson, Woodward, Heggie 6.

Quincke (Eismayer und —) 47.
Quintern 39.

Rabinowitsch, W. (A. v. Kuhlberg und —) 26, 119.
Rachmilewitz, M. und E. Stransky 76.

Ravenna, C. (G. Ciamician und —) 3.
Rees, M. H. 137.
Regnier, M. Th. (R. Fabre und —) 97.
Refuß, M. E. (J. R. Miller, O. Bergeim, — und P. B. Hawk) 89, 90.
Reich, F. (E. Abderhalden u. —) 89.
Reichert 106.
Reid, W. L. 71.
Reiman, G. 19.
Reimer, G. 117.
Reinhard 23.
Reinhold, A. (E. Meyer und —) 112.
Rénon, L. 68, 134.
Reschke (Scheunert und —) 7.
Reve, B. 51.
Reynold, D. (R. Fleming und —) 27.
Reynolds, C. (O. H. Plant und —) 91.
Richards und Schmidt 72.
Richet 67.
Rieger, I. B. (W. Salant und —) 114.
Rießer, O. 39, 40.
— und Neuschloß 39, 40.
Riipa, M. (K. Anttika, A. Ilus, — und Santaholma) 63.
Riseman (M. G. Brown und —) 48.
Rivers, W. H. R. und H. N. Webber 42.
Rizzolo, A. 30, 33.
Robinson, W. D. (K. Horst, R. E. Buxton und —) 135, 136.
— W. D., K. Horst, W. L. Jenkins und Dji Lih Bao) 32, 61.
— C. S. (S. Schimmel, M. Dye und —) 105.
Roeßler, R. (E. Flaum und —) 51.
Rona, P. und R. Ammon 90.
Root, C. B. (I. H. Hyde, — und W. Curl) 42.
Rosenbohm, A. (K. Bierich und —) 112.
Rosencrantz, H. (O. Bruns und —) 51.
Rosenzweig, S. (M. Taubenhaus und —) 117.
Rost 124.
Roth, G. B. 49.

Namenverzeichnis. 151

Rowland, A. F. (G. W. Crile, — und S. W. Wallace) 111.
Rowntree, L. G. (W. M. Boothby und —) 105.
Rucker, I. E. (C. C. Haskell — und W. S. Snyder) 64.
Rueter, E. (A. Bornstein und —) 112.

Sabalitschka, T. und C. Schulze 90.
Sager, B. 75.
Sahlström, N. 58.
Saito, K. (S. Tada und —) 74.
Sakata, S. 79.
Salant, W. und N. Kleitman 110.
— und I. E. Nadler 49.
— und I. B. Rieger 114.
Salomon (Krueger und —) 97.
Sandor, G. 66, 68.
Sanguinetti, L. (B. Udaondo, C. Pinedo u. —) 84.
Santaholma (K. Anttika, A. Ilus, M. Riipa und —) 63.
Santesson, C. G. 90.
Sárkány, J. (J. Szelöczey und —) 79.
Sartorius und Ottemeyer 9.
Saslow, G. 39, 103, 109.
— und Webster 41.
Sassa (Iwai und —) 48, 55.
Satake, Y. 116.
Sato 48.
— H. und T. Aomura 116.
Scarborough, E. M. 41.
Schattenstein 42.
— Kosjakoff und Tschirkin 44.
Schau Kuang Liu und R. Krüeger 64.
Scheunert und Reschke 7.
Schilf, E. (E. Heide und —) 88.
— und R. Wohinz 96.
Schilling, W. 30, 140.
Schimmel, S., W. Dye und C. S. Robinson 105.
Schirlitz 43, 44.
Schkawera, G. L. 68.
— und L. Kotschergin 69.
— und A. I. Kusnetzow 68.

Schleier, S. 39.
Schloßmann 9.
Schmidt, A. K. E. 59.
— R, 74.
— C. F. und B. Harer 64.
— (Richards und —) 72.
Schoen, R. 27, 34.
— und N. Kaubisch 105.
Schrieder (Macht und —) 12.
Schube, P. G. (M. C. Manamy und —) 15, 125.
Schubert 63.
Schuebel, K. und W. Gehlen 64.
Schueller 5, 39, 63.
Schulte 23, 28, 29.
Schultz, H. 53.
Schulze, P. 81.
— C. (T. Sabalitschka und —) 90.
Schumacher, H. M. 96.
— (G. Embden und —) 77.
Schutz, O. 81.
Schwab, E. H. (H. George, — I. A. Alvarez und M. E. Cate) 75.
Schwarz, L. und Sieke 7.
Scott Polland, W. 76.
Sechi, E. 127.
Seel, H. 87.
Semerau, M. 55, 56.
Senga, H. 115.
Serebrijski, J. und H. Vollmer 78.
Sherif, M. A. F. 112.
Shinagawa, M. 39, 119.
Shiroshita, R. und K. Omura 66.
Siebeck 55.
Siebert, W. I. (S. Johnson und —) 49, 50.
Sieke (L. Schwarz und —) 7.
Simici, D. C., O. Dimitriu und E. C. Berenger 84.
Simon, W. 55.
Simonson, E. 47.
Sinha 47.
Slataroff, A. und I. Popoff 89, 90.
Slota und Neißer 8, 10.
Smith, R. G. 64.
—.P. K. und W. E. Hamburger 111, 130.

Smith, F. M., G. H. Miller und V. C. Graber 48.
— R. G. (K. Horst, R. I. Wilson und —) 106, 107.
Snyder, W. S. (C. C. Haskell, I. E. Rucker und —) 64.
Sobieranski 75.
Spence, A. W. (J. Marine, D. E. Baumann, — und A. Cipra) 104.
Sperling, O. (R. Dreikurs und —) 26.
Stacey, R. C. (G. V. Anrep und —) 48.
Staemmler, M. 122, 123, 124, 126, 133.
Stamm, W. 39.
Starkenstein, E. 88, 98.
— und E. Winternitz 88.
Starr, I. (J. M. Hayman und —) 72.
Staub und Graßmann 48.
Steinmetzer, K. 26.
Stephan 44, 46.
Stepp 22, 50, 53, 60, 61, 62, 65, 66, 67, 68, 69, 70, 84, 87, 88, 91, 102, 105, 117, 134, 138.
Stieve 63, 120, 121, 122, 123, 124, 125, 126, 127, 128, 130, 131, 132, 133, 135, 137.
Stillmunkes, A. (E. Bardier, P. Duchein und —) 58, 114.
— (E. Bardier, P. Lerclerc und —) 114.
Storvick, C. A. (P. P. Swanson und —) 129.
Stransky, E. 102, 134.
— (M. Rachmilewitz und —) 76.
Straub, W. 10, 88, 141.
Strongin, E. I. und A. L. Winsor 27, 28, 135, 138.
— (A L. Winsor und —) 82, 83.
Stroß, W. 58, 59.
— (K. Junkmann und —) 58, 91, 115.
Stuber, W. und A. Nathanson 81.
Stuhlmann (Druckrey, Müller und —) 13, 26.
Swanson, P. P. und C. A. Storvick 129.

Switzer, C. A. 35.
Szelöczey, J. 81.
— und J. Sárkány 79.
Szent-Gyoergyi, V. 66.

Tada, S. und K. Saito 74.
Taeufel 6.
— (Bäßler und —) 8.
— K. (A. Bleyer, W. Diemair, F. Fischler, — und F. Arnold) 85.
Takahashi, H. 97.
— M. und M. Akamatsu 91.
Takano, M. 67.
Tartler 13, 26.
Tashiro, K. 80.
— und H. Abe 72, 73.
Taubenhaus, M. und S. Rosenzweig 117.
Theodoresco, B. (H. Labbé und —) 116.
Thienes, C. H. 58.
Thomson und Andere 45.
Tiedecke 6.
Tiedemann 27.
Tiffeneau, M. und A. Beaune 57.
Tocco-Tocco, L. 77, 117, 118, 127.
Trendelenburg 53.
Tscherning, R. 24, 85.
Tschirkin (Schattenstein, Kosjakoff und —) 44.

Uchigaki, Sh. 120.
Udaondo, B. C. und G. P. Gonalons 85.
— C. Pinedo und L. V. Sanguinetti 84.
Uhlenbrock (H. Handovsky und —) 81.
Ukers, W. H. 15.
Ullmann, H. (K. Dresel und —) 102.
Underhill, F. P. und G. T. Pack 79.
Unna, K. und Winnewarter 47, 64.

Vacca, G. 120.
Vahl, F. 34.
— (M. Lapicque und —) 34, 38.
Vaille, C. (R. Hazard und —) 76, 77.
Valentin 6.

Valentini de Christiani 4.
Vasiliu, C. (G. Bataceano und —) 63.
Veil, W. H. und W. Graubner 77.
Verne, J. (Ch. Achard, — M. Bariety und E. Hadjigeorges) 78.
Verney 74, 80.
— E. B. und F. R. Winton 72.
Vichnjitch, M. (X. Chahovitch und —) 104.
Vinci 77.
Vita, N. 127.
Vittorio, S. 56.
Vollmer, H. 97, 109, 111, 128, 137.
— (J. Serebrijski und —) 78.
Voigt, G. 29.
— C. 15.

Wada, B. (M. Miva, — T. Ida und T. Idzumi) 72.
Waentig, W. 110.
Wagner 59.
Walko 15.
Wallace 79.
— G. B. und E. J. Pellini 73.
— S. W. (G. W. Crile, A. F. Rowland und —) 111.
Walter 38.
Warburg, B. (O. Kestner und—) 84, 85.
Wardell, E. L. (V. C. Myers und —) 100, 101, 102, 113.
Warnant, H. 65.
Watanabe, K. 65.
— M. 116.
Webber, H. N. (W. H. R. Rivers und —) 42.
Webster (Saslow und —) 41.
Wedekind, C. H. 87.
Wedemeyer, T. 20, 135.
Weevers 2.
Weil, H. (K. B. Lehmann und —) 24, 124.
Weingarten (W. Lipschitz und —) 37.

Weiß, H. 122.
Whipple 28.
Whitaker, R. 88.
Wichels, P. 84.
Wieser 38.
Wilson, C. P. (C. Pilcher, — und T. R. Harrison) 52, 104.
— R. I. (K. Horst, — und R. G. Smith) 106, 107.
— W. I. (W. H. Dickson und —) 91.
Winiwarter (K. Unna und —) 47, 64.
Winsor, A. L. und E. J. Strongin 82, 83.
— (E. J. Strongin und —) 27, 28, 135, 138.
Winternitz 25.
— E. (Starkenstein und —) 88.
Winton, F. R. (E. B. Verney und —) 72.
Woelfflin 17.
Wohinz, R. (E. Schilf und —) 96.
Wohlenberg, W. 74.
Woiczek 44, 46.
Wolff, F. und M. Wolff 121.
— M. (F. Wolff und —) 121.
Womack 138, 139.
— N. A. und W. H. Cole 103.
— N. A. (W. H. Cole, — und W. H. Ellett) 103.
Woodley, I. D. (H. B. Haag und —) 51.
Woodward (Prescott, Emerson — Heggie) 6.

Young, E. G. (N. B. Dreyer und —) 102.

Zacharias (Handowski und —) 38.
Zanda, G. B. 127, 128.
Zeigler, W. H. 64.
Zenichi Koizumi 58.
Zipf 5, 39.
Zoerkendörfer, W. (A. Jung und —) 98.

Sachverzeichnis[1].

Abmagerung 120.
Abort 119, 121, 124.
Abusus 134.
Additionsversuch 20.
Adeninausscheidung 98.
Adenin, im Tee 13.
Adrenalin 58, 69, 71, 91, 106, 111, 114, 115.
Adrenalinausschüttung 115, 116.
Ängstlichkeit 69.
Ätherische Öle, Nierenwirkung 77.
Alkali bei Koffeingewöhnung 137.
Alkohol 17.
Alkoholprobetrunk 84.
Allantoinausscheidung 102.
Amylase 90.
Angina pectoris 48, 135.
Angst 124.
Anschauung 16.
Antagonismus von Alkohol und Koffein 27.
Antineuritischer Faktor 7.
Antizipation 35.
Aroma 3, 4.
Arterien 66, 67.
Arteriosklerose 63.
Ascorbinsäure 116.
Assoziationen 14, 16, 19, 36.
Astheniker 60.
Asthma bronchiale 65.
Atemfrequenz 47.
Atemvolumen 64.
Atemzentrum 64, 65.
— Choroform und Koffein 64.
— Magnesiumsulfat und Koffein 64.
— Morphin und Koffein 64.
Atophan 99.
Aufbereitung der Kaffeekirschen 3.

Aufnahmegeschwindigkeit 70.
Aufregungszustände 125.
Auge, Innendruck 67.
Ausscheidung des Koffeins 93, 94, 95, 96.
— in der Frauenmilch 96.
— in der Leber 96.
Auswahlreaktionen 31.
Auswendiglernen 19, 20.
Autonomes Nervensystem 53, 56, 57, 58, 69, 70, 86, 102.
Azetanilid und Koffein 49, 111.
Azeton 6.
Azethylcholin und Koffein 38, 56.
— Sensibilisierung für 36.
Azoospermie 120.

Bac. acidi urici Ulpiani 98.
— aerogenes 98.
— coli 127.
— Flexner 91.
— paratyphi 92.
— Shiga 91.
— typhi 127.
Barbitursäurederivate und Koffein 51.
Barium und Koffein 58.
Basedow 70, 105, 112, 134.
Begleiterscheinungen bei Koffein, unangenehme 13.
Begriffe 14.
Blastula 129.
Blütenbildung 127.
Blut, Konzentration d. Koff. 92, 93, 94.
Blutdruck 47, 59, 61, 72.
Blutdrucksenkung 59, 63, 71.

---

[1] Von Dr. H. HINDEMITH und L. KARBE bearbeitet.

Sachverzeichnis.

Blutdrucksteigerung 59, 60, 61, 62, 69, 136.
Blutzucker 114, 115, 116, 117, 118.
— bei Adrenalin und Koffein 114, 115.
Botanik der Kaffeepflanze 1.
Brechenerregende Substanz 87.
Bronchien 65.

Chemie der Kaffeebohne 4.
Chinin, Gefäßwirkung d. Koff. nach Durchströmung 71.
Chloralhydrat und Koffein 59.
Chloride 75, 79.
Chloroform und Koffein 51, 59, 64.
Chlorogensäure 5, 54, 87, 88, 89, 90.
— Konzentration 6.
— Zerlegung 6.
Chlorophyllfunktion und Koffein 3.
Cholera 91, 127.
Cholin 4, 54, 63, 85, 91, 140.
Cholinesterase, Hemmung 36.
Chronaxie d. Muskels 38, 40.
— d. Nerven 30, 33, 38, 57.
Chronische Koffeinzufuhr, Organgewichte 130.
Coffea arabica 2.
— liberica 2.
— robusta 2.
Coffearin 4.
Coronargefäßerweiterung 48, 69.
Coronargefäßverengerung 50.

Darm 58, 82, 90, 138.
Darmkatarrh 91, 124.
Darmkontraktion bei Adrenalinlähmung 91.
Denken 14, 18.
Depression 15, 17.
Diabetes mellitus 100, 117.
Diäthylketon 6.
Diazethyl 6.
Digitalis und Koffein 50, 51.
— und Theobromin 51.
Dimethylxanthin-Theobromin 98.
Diphtherietoxin und Koffein 51.
Diurese 24, 72, 73, 74, 76, 80, 94, 95, 102, 124, 136, 137.

Diurese, extrarenale Faktoren 73, 79.
Diuresehemmung 80.
Diuretin 114.
Doping 44.
Dosierung des Koffeins 9, 10, 22, 23, 35, 37, 44, 78, 104.
Dosierung bei Säuglingen 78.
Dosis, tödliche 137.
Duftstoffe 3, 4, 9.
Dynamische Vorgänge 36.
Dyspnoe, kardiale 25.

Eifollikel 127.
Einschlaf, Beschleunigung 25.
— Hemmung d. 22, 25.
Ejakulat 119.
Ekzem 68.
Elektrokardiogramm 70.
Empfindlichkeit für Koffein 12, 29, 124.
— — — der Kinder 97.
— Steigerung 139.
Entgiftung des Koffeins 9, 54.
Entwicklung 127.
Erbrechen 124.
Erbschädigung 121, 122.
Erepsin 89.
Ermüdung 22, 25, 32, 42, 45.
Ermüdungskurve bei Koffein 41.
Erregbarkeitssteigerung 30.
Erregung, motorische 136.
Erythrocyten 128.
Essigsäurebildung bei Gärung 3.
Eugenol 6.
Euphorie 15.
Euphyllin 75, 79.
Extraktstoffe 4, 8.
Extrasystolen 70.

Farbenblindheit 17.
Farbensehen, Erleichterung von 17.
Fermentation 3.
Fermente 3, 89, 90, 118.
Fette 6.
Fibroblasten 128.
Flüchtige Substanzen 6.
Froschherz 54.

156 Sachverzeichnis.

Froschschleimhautgefäße 68.
Fruchtbarkeit 124.
Furfurol 6.

Gärung der Kaffeekirschen 3.
Gallensäuren 118.
Gastritis 86.
Gasvergiftung 60.
Geburt 119.
Geburtenzahl 125.
Gedächtnis 16.
Gedankenflucht 21.
Gefäße 57, 59, 68, 71.
Gefühle, allgemeine 15
Gehirn, Anämie d. 66.
— Koffeinkonzentration im 94.
Geistige Funktionen 13.
Geistige Leistungsfähigkeit 11.
Geschicklichkeitsübung 33.
Geschlechtsdrüsen und Organe 119.
Geschmack des Koffeins 6, 82.
Geschwätzigkeit 21.
Gewichtsabnahme 123, 130.
Gewöhnung 120, 121, 135, 138.
— Alkaliansammlung 137.
Gicht 102.
Glaukom 67.
Glomeruli 72, 74.
Glomerulusfiltration 75, 78.
Glykogen 114, 115, 118, 133.
Glykolyse 118.
Glykosurie 114, 115.
Guajacol 6.
Guanidin 118.

Hämoglobin 112.
Hämosiderin in der Leber 118.
Hag, Kaffee 11, 12, 23, 105, 106.
— Kaffeekohle 89.
Handel mit Kaffee 2.
Harnsäure 98.
— endogene 101.
Harnsaure Diathese 99.
Harnsäureausscheidung 99, 100.
— -bestimmung 100.
— -stoffwechsel der Kaninchen 102.
Harnstoff 73, 75, 79.
Hautausschläge bei Kaffee 68.

Hautjucken nach Kaffee 68.
Hautkapillaren 68.
Hauttemperatur 68.
Hefe 90.
Hemmung der motorischen Willensimpulse 14.
Heptikosan 6.
Herz, 131ff.
— Kalziummangel 51.
— Kaliumüberschuß 51.
— Muskarinstillstand 51.
— Reizbildung 55, 69, 70.
— Reizleitung 56.
— Schlagfrequenz 54ff.
— Überleitungsstörungen 55.
Herzblock 55.
Herzdynamik 55.
Herzhypertrophie 130, 131.
Herzklopfen 69, 70, 105, 124.
Herzkranke 87.
Herzleistung, Alkohol- und Koffeinwirkung 49.
— Chloralhydrat und Koffeinwirkung 49, 50.
— Morphin und Koffeinwirkung 49.
Herzmuskel 69.
— fettige Degeneration 49.
— interstitielles Ödem 49.
— Kreatiningehalt 50.
— Tonuszunahme 47, 48, 51, 53, 54.
Herzschädigung 48.
— Adrenalin und Koffein 49, 50
Herzstillstand durch Koffein 48, 54.
Herzvolumen 48, 51, 52, 53.
Hirndruck 67.
Hirngefäße 66.
Hirnvolumen 67.
Histamin 4, 54, 85.
Histobasen 85.
Hitzschlag 67.
Hoden 120, 134.
Hundeherz 54.
Hydraemie 79.
Hydrolyse, Verzögerung 36.
Hyperthyreodismus 70, 105, 112, 134
Hypertoniker 62.
Hypophyse 58, 80.

Sachverzeichnis.

Hypoxanthin 98.
Hysteresis 36, 109.

Ideekaffee 86.
Inkoordination, neuromuskuläre 34.
Insulin und Koffein 57, 116.
Intoxikationserscheinungen 21.

Kaffa 1.
Kaffee, Behandlung 2.
— Entdeckung 1.
— Hag 11, 12, 23, 105, 106.
— Handel 2.
— Idee 86.
— koffeinfreier 10, 12, 141.
— Röstung 2.
— Santos 11, 12.
— türkischer 8.
— Verbreitung 1
— Weltproduktion 2.
Kaffeebohne, Chemie 2, 4.
Kaffeegerbsäure s. Chlorogensäure.
Kaffeegetränk, Zubereitung 7.
Kaffeekirschen, Aufbereitung 3.
Kaffeekohle 8, 91.
Kaffeepulver 91.
Kaffeestrauch 1, 2.
Kachexie 121.
Kakaoschalen 7.
Kaliumgehalt im Kaffee 54.
Kaltblüterherz, isoliertes 47.
Kalium 129.
Kalziumausscheidung 76.
Kammerblock 56.
Kammerflimmern 55.
Kapillaren 67.
Kardiazol und Koffein 65.
Katalase 90, 118.
Kaweh 1.
Keimdrüsen 119, 121, 122.
Keimgift 122.
Keimung 127.
Klinotropie 53.
Kochsalzausscheidung 73.
Körpertemperatur 109, 110, 111.
Koffeinfreier Kaffee 10, 12, 141.
— — Extraktionsmittelreste 89.
Koffeingehalt der Kaffeesorten 5.

Koffeinismus 134.
Koffeinkuren 15.
Koffeinprobetrank 138.
Koffeinverbrauch 125.
Koffein-Benzoesäure 5.
Koffein-Kolatin 5.
Koffein-Salizylsäure 5.
Kohlehydratstoffwechsel 114, 115, 118, 123, 133.
Kohlensäure, Alveolarluftspannung 76.
Koitus 119.
Kokain 17, 18.
— und Koffein 55.
Kokainanästhesie, Verbesserung 57.
Kokzidieninfektion 128.
Kolanuß 5.
Kolapräparate 18.
Kollaps 60, 109.
Kollodiummembranen 81.
Kolloide, Entquellung 81.
— Quellung 81.
Kolloidosmotischer Druck 72, 74, 78.
Kombinatorik 16.
Komplementbildung 65.
Komplexverbindung des Koffeins 5, 18, 63.
Kontraktur des Muskels, Verzögerung 5.
Koordination 33, 37, 46.
Kopfschmerzen 69.
Körperstellreflexe 34.
Krämpfe 5, 34, 110, 115, 120, 124.
Kraftübungen 46.
Kreatinin 75, 112, 113, 114.
Kreatingehalt im Herzmuskel 50.
— im Urin 114.
Kreislauf 47ff., 135.
Kugelstoßen 46.
Kumulation 122.
Kurare 115.

Lactacidogen 39.
Lähmung 34, 108.
Leber 99, 118, 124, 131, 132, 133.
Lebergefäße 68, 69.
Leberglykogen 114.
Leberschädigungen 123.

158   Sachverzeichnis.

Leistungssteigerung 11, 17, 19, 43, 44.
Leistungsverminderung 19, 32.
Lendrichsches Verfahren 25.
Lernen 16, 19, 20.
Leukozyten 128.
Libido 119, 120.
Lipase des Magens 90.
— der Organe 90.
— des Pankreas 90.
Liquordruck 64.
Lokale Applikation von Koffein 13, 33, 68.
Lokalanästhetische Wirkung des Kaffees 83.
Luftkrankheit 110.
Lunge, isolierte 65.
Lungenödem 50, 60.

Magen, Entleerungsgeschwindigkeit 90.
Magengeschwür 85.
Magenkranke 87.
Magensaftsekretion 85, 86, 92, 138.
Malzkaffee 9, 81.
Mate 7, 24, 85.
Melanophoren, Wirkung des Koffeins auf 58.
Merkaptane 6.
Methylalkohol 6.
Methylguanin 98.
Methylxanthin 98, 103.
Migräne 66.
Milch und Koffein 88, 89.
Milchsäure 3, 39, 40.
Milzbrand 127.
Milzgefäße 68.
Mißstimmungen durch Koffein 15.
Mitose 128.
Mitralinsuffizienz 51.
Morphin und Koffein 68.
Motilität 108, 109, 110.
Muskel, Aktionsfähigkeit 41.
— Chronaxie 38, 40.
— Elastizitätsabnahme 39.
— Hubhöhe 41.
— im Verbande des Organismus 41.
— isolierter 37.

Muskel, Kontraktur 40.
— Ökonomie 42, 43.
— Sauerstoffverbrauch 109.
— -starre 39.
— Wärmebildung 109.

Nährstoffe im Kaffeegetränk 9.
Nephritis 77, 78.
Nerven, Chronaxie 38, 57.
Nervenleitfähigkeit 37, 38.
Nerven, N. Splanchnici 102.
— N. Sympathicus 57, 58, 71.
— N. vagus 56, 57, 58, 69, 86.
Nikotin 71, 86.
— und Koffein 55.
Nikotinschädigung 124.
Niere 71 ff.
— Chloridausscheidung 75, 79.
— Eiweißausscheidung 74.
— Kreatininausscheidung 114.
— Sulfatausscheidung 75.
— Volumen 71.

Obstipation 92, 134.
Östrus 122.
Ohnmacht 60.
Organgewichte bei chron. Koffeingaben 130.
Orgasmus 119.
Ovarien 120.
Oxyhaemoglobin 112.

Pektinasen 3.
Pepsin 89, 90.
Peristaltik 91.
Permeabilität 68.
Pflanzenchemie 2.
Phosphagen 40, 115.
Phosphatabspaltung 39.
Phosphatausscheidung 116.
Physostigmin 36.
Piagefäße 67.
Pituitrin 80.
Placenta, Übergang in 97.
Potentiel d'action 48.
Potenz 119.
Primärharn 75.
Probefrühstück 69.

Sachverzeichnis.

Probetrunk nach Katsch und Kalk 84.
Psychische Wirksamkeit 12.
Pulsfrequenz 25, 69.
Purinstoffwechsel 93.

Rauchen 71.
Reaktion, motorische 32.
Reaktionszeitverkürzung 27, 30.
Rechnen 20.
Reflexe 30, 31, 33, 34, 41, 124.
— bedingte 24, 35, 36.
Reflexionen 14, 18.
Reizwirkung auf die Schleimhaut 92.
Reproduktion 16, 21.
Resorption 9, 51, 54, 68, 92, 109.
Respiratorischer Quotient 118.
Restitution des Muskels, Hemmung 39, 40, 41.
Röstprodukte 7, 10, 83, 84.
Röstprozeß 3, 4.
Rohkaffee 3, 4.
Rotempfindlichkeit, Steigerung der 17.
Rückresorption des Koffeins im Darm 96.
— der Tubuli 75.

Santos Kaffee 11, 12.
Sauerstoffverbrauch 39, 40, 103, 104, 105, 106, 118.
— der Niere 73, 74.
— des isolierten Gewebes 111.
Säuren und Koffein, Wirkung auf die Herzleistung 49.
Schädigung durch Kaffee 26.
Schilddrüse 68, 88, 103, 104.
— Verfütterung 120.
Schlaf 22, 23, 24, 25, 26, 87.
Schlafmittel und Koffein 26.
Schmerzen 15.
Schnelligkeitsübung 45, 46.·
Schreibmaschinenschreiben 32.
Schwangerschaft 119, 123.
Schwimmen 46.
Sedative Wirkung 25.
Sekretion 27, 83.
Shock, anaphylaktischer 65.

Sinus caroticus 63.
Sistosterin 7.
Spartein 50.
Speichelsekretion 27, 35, 83, 90, 138.
Spermien 119, 120, 129.
Spirogyra 127.
Sport 43.
Staphylokokken 49, 127.
Statische Eigenschaften 36.
Stickstoff 112, 127.
Stickstoffbilanz 113, 114.
Stoffwechsel 58, 92, 105, 106, 107, 108, 110, 116, 118, 124, 128, 138, 140.
Strophantin 53.
— und Koffein 50.
Strychnin und Koffein 55.
Sublimieren von Koffein 4, 5.
Sucht 140.
Suggestive Beeinflussung 42.
Sulfat 75.
Summationszeit 34.
Sylvestron 6.
Sympathicus 57, 58, 71.

Tabak 124.
Tee 7, 10, 12, 85, 88, 91, 92.
— Verträglichkeit 12.
Theobromin 58, 59, 77, 98, 102, 115, 137.
— und Digitalis 51.
Theocin 115, 137.
Theophyllin 75, 102.
Thyreotropes Hormon 104.
Toleranz 134, 140.
Toleranzsteigerung 140.
Toxische Koffeinmengen 131.
Tremor 28, 29, 30, 106, 135.
Trigonella foenium graecum 4.
Trigonellin 4, 54, 63.
Türkischer Kaffee 8.
— Bekömmlichkeit 9.
— Zubereitung 8.
Tuberkulin und Koffein 68.
Tubuli der Niere 74.

Ultrafiltration 81.
Unfruchtbarkeit 125.

Unlustgefühle 11, 12.
Unruhe 24.
Uraemie 66.
Urteilskraft 17.
Uterus 58.
— atrophie 125.
— Motilität 119.

Vanillon 6.
Vasomotorenwirkung 67, 76, 79.
Vasomotorenzentrum 59.
Venen 66.
Verbreitung des Kaffees 1.
Verdauungsfermente 89.
Vergiftung mit Koffein 34, 70.
— — — chronische 130.
Vermehrung 119.
Vernunft 14, 18.
Verstand 14.
Verteilung des Koffeins, Blut 92, 93, 94.
— — — Fetus 97.
— — — Gehirn 94.
— — — Gewebe 93.
— — — Placenta 97.
Verträglichkeit für Koffein 19.
Verwerfen der Tiere 121.
p-Vinyl-Catechol 6.
— -Guajacol 6.
Viskosität 81.

Vitamine 7, 116, 129.
Vorstellung, plastische 16.

Wachstum 121, 129.
— der Kaffeepflanze 2.
Warmblüterherz 48.
Wärmebildung des Muskels, verzögerte 39.
Wasserstoffionenkonzentration 76, 81.
Wehen 119.
Weitsprung 40.
Weltproduktion an Kaffee 2.
Wille 14.
Wohlbehagen 136.

Xanthin 58, 98, 103, 118.
Xylose 75.

Zellteilung 128.
Zentralnervensystem 10ff.
— Erregung 13.
Zersetzung des Koffeins 94, 97.
Zersetzungsprodukte des Koffeins, Giftigkeit 98.
Zichorie 10.
Zittern 124.
Zucker, Resorption 92.
Zuckerausscheidung 114, 115.
Zuckerkrankheit 117.
Zytochrom 112.

Verlag von Julius Springer / Berlin

General Pharmacology. By **A. J. Clark,** Edinburgh. (Handbuch der experimentellen Pharmakologie, Ergänzungswerk Bd. IV.) With 79 Figures. VI, 228 Pages. 1937. RM 24.—

Biologische Auswertungsmethoden. Von **J. H. Burn,** Prof. der Pharmakologie am College of the Pharmaceutical Society, Universität London. Deutsche Übersetzung von Dr. **Edith Bülbring,** Assistentin am Pharmakologischen Laboratorium, College of the Pharmaceutical Society London. Mit 64 Abbildungen. X, 224 Seiten. 1937.
RM 12.60; gebunden RM 13.80

Allgemeine Pharmakologie. Ein Grundriß für Ärzte und Studierende. Von Dr. med. habil. **Friedrich Axmacher,** Dozent für Pharmakologie an der Medizin. Akademie Düsseldorf. Mit 32 Abb. VII, 189 Seiten. 1938. RM 9.60; gebunden RM 10.80

Die Arzneikombinationen. Von Prof. Dr. **Emil Bürgi,** Direktor des Pharmakologischen Institutes der Universität Bern. Mit 28 Abbildungen. IV, 169 Seiten. 1938. RM 12.—

Grundlagen der allgemeinen und speziellen Arzneiverordnung. Von **Paul Trendelenburg** †, ehemals Professor der Pharmakologie an der Universität Berlin. Vierte, zum Teil neu bearbeitete Auflage. Herausgegeben von Otto Krayer, Professor der Pharmakologie an der Amerikanischen Universität Beirut (Libanon). VI, 322 Seiten. 1938. RM 16.20; gebunden RM 17.50

Handbuch der Kakaoerzeugnisse. Ihre Geschichte, Rohstoffe, Herstellung, Beschaffenheit, Zusammensetzung, Anwendung, Wirkung, gesetzliche Regelung und Zählberichte, dargestellt für Gewerbe, Handel und Wissenschaft. Von Dr. phil. **Heinrich Fincke,** Lebensmittelchemiker, Leiter des Chemischen Laboratoriums der Gebrüder Stollwerck A.-G., Köln. Mit 162 Abbildungen, 62 Zahlentafeln, 1 Kakao-Farbenbestimmungstafel und 1 Weltkarte. XVI, 570 Seiten. 1936.
Gebunden RM 55.—

Kleines Fachbuch der Kakaoerzeugnisse. Eine kurze Übersicht über Rohstoffe, Herstellung, Eigenschaften und Nahrungswert von Kakaopulver und Schokolade. Von Dr. **H. Fincke,** Köln. Mit 42 Abbildungen und 6 Zahlentafeln. IV, 88 Seiten. 1936. RM 1.80

Zeitschrift für Untersuchung der Lebensmittel.
Fortsetzung der „Zeitschrift für Untersuchung der Nahrungs- und Genußmittel sowie der Gebrauchsgegenstände". Herausgegeben von Professor Dr.-Ing. e. h. Dr. **A. Juckenack,** Geh. Regierungsrat, Präsident i. R. der Preußischen Landesanstalt für Lebensmittel-, Arzneimittel- und Gerichtliche Chemie in Berlin, Prof. Dr. **E. Bames,** Oberregierungsrat im Reichs- und Preußischen Ministerium des Innern in Berlin, Dr. **J. Grossfeld,** Professor und wissenschaftliches Mitglied der Preußischen Landesanstalt für Lebensmittel-, Arzneimittel- und Gerichtliche Chemie in Berlin.
Erscheint monatlich einmal mit der Beilage „Gesetze und Verordnungen sowie Gerichtsentscheidungen betreffend Lebensmittel". 6 Hefte bilden einen Band. Jährlich erscheinen 2 Bände. Preis des Bandes RM 48.—

Zu beziehen durch jede Buchhandlung

Verlag von Julius Springer / Berlin

Handbuch der Lebensmittelchemie. Begründet von **A. Börner, A. Juckenack, J. Tillmans.** Herausgegeben von **A. Juckenack**-Berlin, **E. Bames**-Berlin, **B. Bleyer**-München, **J. Grossfeld**-Berlin. In neun Bänden.

Band VI. **Alkaloidhaltige Genußmittel. Gewürze. Kochsalz.** Schriftleitung: J. Tillmans. Mit 344 Abbildungen. IX, 604 Seiten. 1934. RM 76.—; gebunden RM 79.60

Inhaltsübersicht: **Alkaloidhaltige Genußmittel und ihre Ersatzstoffe.** — **Kaffee, Kaffee-Ersatz und Kaffee-Zusatz.** Allgemeiner und chemischer Teil von Professor Dr. K. Täufel, München. Mikroskopischer Teil von Professor Dr. C. Griebel, Berlin. — **Tee, Tee-Ersatz, Mate und Colanuß.** Allgemeiner und chemischer Teil von Professor Dr. J. Tillmans und Dr. R. Strohecker, Frankfurt a. M. Mikroskopischer Teil von Professor Dr. C. Griebel, Berlin. — **Kakao und Schokolade.** Allgemeiner und chemischer Teil von Professor Dr. A. Beythien, Dresden. Mikroskopischer Teil von Professor Dr. C. Griebel, Berlin. — **Tabak.** Allgemeiner und chemischer Teil von Dr. P. Koenig, Forchheim (Baden). Mikroskopischer Teil von Professor Dr. C. Griebel, Berlin. — **Gewürze.** Von Professor Dr. C. Griebel, Berlin. — **Kochsalz.** Von Dr. R. Strohecker, Frankfurt a. M. — Anhang: **Gesetzliche Bestimmungen.** A. Deutsche Gesetzgebung. Von Oberlandesgerichtspräsident i. R. Dr. jur. H. Holthöfer, Berlin. — B. Ausländische Gesetzgebung. Von Oberregierungsrat Professor Dr. E. Bames, Berlin. — **Sachverzeichnis.**

Übersicht über die weiteren Bände:

I. Band: **Allgemeine Bestandteile der Lebensmittel.** Ernährung und allgemeine Lebensmittelgesetzgebung. Bearbeitet von A. K. Balls, E. Bames, A. Börner, H. Fincke, P. Hirsch, H. Holthöfer, P. Karrer, F. Mayer, E. Rost, M. Rubner †, A. Scheunert, R. Strohecker, K. Täufel, J. Tillmans, E. Waldschmidt-Leitz. Schriftleitung: J. Tillmans. Mit 44 Abbildungen. XVI, 1371 Seiten. 1933. RM 126.—; gebunden RM 129.60

II. Band: **Allgemeine Untersuchungsmethoden.** I. Teil: Physikalische Methoden. Bearbeitet von A. Börner, P. W. Danckwortt, H. Freund, R. Grau, C. Griebel, P. Hirsch, H. Ley, O. Liesche, F. Löwe, R. Strohecker, K. Täufel, A. Thiel, F. Volbert. Schriftleitung: A. Börner. Mit 401 Abbildungen. X, 536 Seiten. 1933. RM 66.—; gebunden RM 69.—

2. Teil: Chemische und biologische Methoden. Bearbeitet von A. K. Balls, A. Börner, R. Grau, C. Griebel, A. Gronover, J. Grossfeld, A. Scheunert, M. Schieblich, K. Täufel, A. Timpe, E. Waldschmidt-Leitz, O. Windhausen. Schriftleitung: A. Börner. Mit 331 Abbildungen. XVII, 1190 Seiten. 1935. RM 145.—; gebunden RM 148.60

III. Band: **Tierische Lebensmittel.** Bearbeitet von E. Bames, Fr. Bartschat, A. Behre, A. Beythien, A. Börner, A. Eichstädt, A. Gronover, J. Grossfeld, W. Henneberg †, H. Holthöfer, O. Mezger †, W. Mohr, R. Strohecker, J. Umbrecht, A. Zumpe. Schriftleitung: A. Börner. Mit 174 Abbildungen. XVI, 1049 Seiten. 1936. RM 129.—; gebunden RM 132.60

IV. Band: **Fette und Öle.** In Vorbereitung

V. Band: **Getreidemehle. Zucker. Honig. Früchte. Gemüse.** In Vorbereitung

VII. Band: **Alkoholische Genußmittel.** Bearbeitet von E. Bames, B. Bleyer, G. Büttner, W. Diemair, H. Holthöfer, O. Reichard, E. Vogt. Schriftleitung: B. Bleyer. Mit 115 Abbildungen. XV, 828 Seiten. 1938. RM 99.—; gebunden RM 103.50

VIII. Band: 1. Teil: **Technologie des Wassers.** In Vorbereitung
2. Teil: **Wasseruntersuchungsverfahren. Luft.** In Vorbereitung

IX. Band: **Bedarfsgegenstände. Essig und Essigessenz. Geheimmittel** (ausschl. diätetische und kosmetische Mittel). Ergänzungen zu den übrigen Bänden. In Vorbereitung

Jeder Band ist einzeln käuflich, Bandteile werden nicht einzeln abgegeben. Ein ausführlicher Prospekt über das gesamte Handbuch steht auf Wunsch gern zur Verfügung.

Zu beziehen durch jede Buchhandlung

	MIX
	Papier aus verantwortungsvollen Quellen
	Paper from responsible sources
FSC	FSC® C105338

If you have any concerns about our products,
you can contact us on
ProductSafety@springernature.com

In case Publisher is established outside the EU,
the EU authorized representative is:
**Springer Nature Customer Service Center GmbH
Europaplatz 3, 69115 Heidelberg, Germany**

Printed by Libri Plureos GmbH
in Hamburg, Germany